"十二五"国家重点图书出版规划项目
北京市科学技术委员会科普专项资助

微小的暴行：
生活消费的环境影响

刘晓君 / 著
by Liu Xiaojun

北京理工大学出版社
BEIJING INSTITUTE OF TECHNOLOGY PRESS

图书在版编目(CIP)数据

微小的暴行：生活消费的环境影响／刘晓君著. —北京：北京理工大学出版社，2015.1（2017.2重印）

（回望家园丛书）

“十二五”国家重点图书出版规划项目

ISBN 978-7-5640-9487-4

Ⅰ.①微…　Ⅱ.①刘…　Ⅲ.①消费生活—环境影响—研究　Ⅳ.①X24

中国版本图书馆CIP数据核字（2014）第168667号

出版发行／北京理工大学出版社
社　　址／北京市海淀区中关村南大街5号
邮　　编／100081
电　　话／(010)68914775(办公室)　68944990(批销中心)　68911084(读者服务部)
网　　址／http://www.bitpress.com.cn
经　　销／全国各地新华书店
印　　刷／北京地大天成印务有限公司
开　　本／787毫米×960毫米　1/16
印　　张／9
字　　数／150千字
版　　次／2015年1月第1版　2017年2月第2次印刷
印　　数／3001~5000册
定　　价／29.80元

责任编辑／范春萍
　　　　　张慧峰
文案编辑／张慧峰
责任校对／周瑞红
责任印制／边心超

我们将给后代留下怎样的未来（代总序）

范春萍

尽管昨晚在网上接来转去了不少跨年的祝愿，但真正意识到这的确已经是2015年的第一天了，却是在今晨睁开眼睛的一瞬间。望着窗外迷蒙的晨曦，想着昨夜呼啸的劲风竟未能让京城雾霾尽散，心中无限惆怅。打开手机，赫然入眼的居然是上海外滩跨年人群发生踩踏事件，现场35人死亡，47人受伤。禁不住泪如涌泉。

如今，不知有多少人像我一样，忙碌和笑颜背后深埋着隐忧，沉重的危机感成为我们共同的思维背景和挥之不去的梦魇。

1962年，当卡逊（Rachel Carson）发现农药对生态系统的致命伤害，出版《寂静的春天》时，她一定相信揭露真相，就可以抵制农药的使用，让环境得到保护；10年后的1972年，罗马俱乐部发出给世界的第一份报告《增长的极限》，依据1900年以后70余年的数据，以数学模型仿真演绎世界未来，提出以零增长避免危机的方案，并游说各国政府共同应对环境危机时，佩奇（Aurelio Peccei）们一定相信，人类共同行动可使危机得以避免，那年在斯德哥尔摩召开了历史性的人类环境大会，提出“只有一个地球，人类应该同舟共济”的理念；再过20年后的1992年，世界各国首脑重聚里约热内卢，提出可持续发展理念，签署一系列旨在促进共同行动的协议和宣言，以为找到了可以告慰子孙、共赴未来的钥匙；本世纪之初的2004年，当田松发表《让我们停下来，唱一支歌吧》时，他还相信可以有这样的场景出现：全世界所有链条中的所有人，让我们停下来，面对一朵花儿，把手放在无论哪里，一起唱一支歌儿吧！

延续这样的思维，2009年，我们向北京科委申请科普立项并得到批准，开始着手组织出版“回望家园”丛书，希望能从不同角度，梳理环境破坏的状况，阐释保护环境的道理，探寻避免危机的途径，以唤醒更多人的思考和行动。

然而，著述的进展却非常不顺利。中途停摆换人、书稿返工放弃、修订补充文献、交稿档期拖延，各种状况不一而足，历时五年多才终于形成7个分册。反思原因，豁然醒悟，是时代的错综复杂和万千变化使我们无法有效地跟进，难以清晰地梳理和透彻地表达。

仿佛就在这五年间，世界出现了比以往任何时代都更加突飞猛进的变化。人类目前的危机，不只在于无法采取一致的环境保护行动，更在于打着各种发展旗号却充满潜在风险的行为（或言成就）又在登峰造极。而环境的状况，已再也容不得行动的拖延——这是怎样的窘境和险境？是怎样的前所未有的危机？

人类社会是典型的充满巨大不确定性的复杂巨系统，元素或子系统种类繁多，层次繁复，本质各异，子系统之间、不同层次之间关系盘根错节，机制不清，不可能通过简单的方法从微观推断宏观，也不可能简单地将此一方法移植于彼一情境而求取预期的效果。荒漠化、气候变暖、生物多样性减少、环境污染，是联合国通过调查研究归纳出的人类四大生态环境问题。而其中每一项都是致毁的。

当前，人类社会最紧迫的任务是：放慢发展速度，治理污染，有序地撤出自然保护核心区，停止对目前尚且完整的自然山川的任何形式的工业及能源开发，有序地对受伤过重的土地退耕退牧，给自然生态以喘息和恢复的时间，以避免生物圈的整体大崩盘。而这，这需要人类达成共识，共同行动才能实现。

目前，地球上70多亿人口大约可分为三大部分，其中第一部分挣扎在温饱线以下，为获得基本生存资料而直接攫取环境中的生活资源；第二部分处于发展的路上，刚刚分享到一点点物质文明的成果，为发展而大规模开发物质生产条件，粗放地毁坏着环境、劫掠着资源；第三部分已进入疯狂发展的快车道，大数据、智慧城市、智能生产、生物工程、脑科学、机器人、纳米器械、量子计算机、新产业革命……，于无形中将自己置于工业文明食物链的顶端，成为发展的领航者，貌似清洁地于无形中吸纳、消费着前两部分的资源、产品、智力和环境容量，而第一第二部分，承接着领航者溢出的创新效益，也承接着领航者排放的垃圾，不由自主地追随领航者的脚步，一同冲向无底深渊。

如果地球无限，怎样发展都没问题，然而不管多聪明，不管所创造的物质体系多智能，人类毕竟还是自然界中的一个物种，是自然生态之网上的一个环节，没法脱离自然界而生存，健康的生态环境是人类永续发展的前提条件。

我们将给后代留下怎样的未来？这是当今人类需要共同思考和面对的问题。

技术批判哲学先师海德格尔在其著名的《关于技术的追问》结尾处，援引荷尔德林的诗句："哪里存在危险，哪里便冲腾着拯救的力量。""拯救"，应该是未来人类社会较长时期内最明确的主题词，拯救环境、拯救生态、拯救自身、拯救可能消失的未来……我们祭出这套丛书，也是希望由对危机的揭示而唤醒更多拯救的行动。

回望伤痕累累的家园，拯救的工程艰巨无比，个体羸弱无力。尽管如此，我们仍愿发出自己的呐喊，以求有更多的人猛醒，共赴时艰。

刚刚逝去的2014年流行过一句话："梦想还是要有，万一实现了呢？"羸弱的声音也要喊出来，或许更多的羸弱之力可以共同创造出一个奇迹呢。

2015年1月1日起笔，1月5日修成

目　录

前　言：来自螳螂人的呓语

20世纪60年代以来，愈演愈烈的全球性环境危机广泛而深刻地影响着人类社会，越来越多的人深刻地感受到由于环境的损害带来的多种影响。人们通常认为，环境危机最主要的直接原因有三：人口的增长、技术的变化和消费的增加。由于人口和技术的原因引起的环境问题早已引起了广泛的关注，而由消费引发的环境问题，因其表现的分散性以及满足生活需求的合理性，并未引起足够的认识和充分的反思。

广义的消费是指对物品或劳动力的使用。在这一意义上，每个人都在消费。消费是人类社会最古老、最重要和最普遍的活动。消费与生俱来，与人类相始终，与每一个人、每一个家庭、每一个国家都密切相关，只不过在不同生产力水平下人们的消费水平和消费方式存在差异。任何社会、任何时代，人们对于消费的兴趣和需求都普遍存在。少数人的骄奢淫逸无论是哪个时代、哪种社会都曾经发生过。近代工业化大生产以来，“消费”成了经济学家最常使用的概念之一，其意义也由最初的“对物品或劳动力的使用”转变为“使用经济物品和服务”。千百万人能够拥有他们非常希望得到的工业文明产品，能够享受到由这些产品带来的方便和安逸，这在人类历史上还是第一次。我们正置身于一个大众消费（Mass Consumption）的时代，我们所生活的社会是一个大众消费的社会（Mass Consumption Society）。对工业化大生产产品的消费构成了现代经济生活的一个重要环节。消费在当今社会生活中的作用日益巨大，它贯穿于许多活动之中，几乎人类所有重大的变化都同消费活动密切相关。

20世纪60年代以来的环境危机向人们发出了警告：地球上的资源是有限的，如果全世界的人都像发达国家居民一样消费来满足自己的生活需要，即使再有两三个地球也无以为继。

作为一个持有朴素环保理念的人，我愿意约束自己的欲望和行为而将环境保护付诸实施。所以，早在十多年前，当笔者还在北大读书的时候，就试图从生活消费的角度来反思人类消费行为的环境影响，关注人类集体的“微小暴行”。但在一个物欲横流的社会中，做到这一点并不容易。很多时候，环保的生活不仅仅是一种简约的生活，而且需要人类的智慧和在多方面的自律并切实付诸行动。垃圾分类显然没有直接丢弃来得简单，使用一次性餐具虽然浪费了能源、产生了垃圾，但省却了洗碗的繁琐并可节约用水，收集干净的洗澡水来拖地显然不如让它直接流走省时、省事和省心。总之，许多环保方式似乎与我们的时尚、方便、快捷、用过即扔、追求奢侈和享乐的生活格格不入；甚至在很大程度上与人类的惰性相冲突。因此，环保的生活是没有自律和责任感的人难以达到的。对于环保，很多人是语言的巨人、行动的矮子，甚至仅仅把环境保护当作一种政治作秀或商业策略。如此一来，环境保护就很难落到实处。这也正是许多环境主义者对人类环境的未来持悲观态度的原因所在。

回首历史进程，人类越进步，似乎就越加强对理性和技术的依赖，同时也就越增强自我欲望的膨胀，从而越发狂妄地要征服和利用一切自然资源。同时，也易把善意的提醒当作杞人忧天。尽管如此，笔者亦愿挥舞“螳臂”向沉醉于物欲消费之中的人们发出呐喊：为了人类的生存，为了我们的地球家园，节制一些带来较大环境损害和影响的消费，在享受自然和地球恩赐的同时，努力承担起地球守卫者的职责，切实保护我们的地球家园！

为了保护我们的地球家园，地球公民请自律并行动起来！

每年拥有更多、更新的物品，已经不只是一种渴望，而是变成了一种需求。拥有越来越多的物品已经成为人们自我认同与安全感的来源，我们被这种需求捆绑住了，就好像嗜药的人不得不依赖药物一样。

——保罗·瓦奇泰尔(Paul Wachtel)《富裕的贫穷》

第一章
大众化消费时代的到来

大众化消费时代的到来，从本质上讲，是与农业社会向工业社会过渡的历史进程同步的，它与现代化过程中的一些重大变化息息相关。在前资本主义阶段，生产基本上是为了满足使用价值的生产，生产者与消费者基本是一体的。但是随着市场经济和私有财产的出现，生产和消费的同一性被打破了。Nei Mckendrick在其编著的《消费者社会的诞生：18世纪英国的商品化过程》（*the Birth of a Consumer Society: The Commercialization of Eighteenth Century England*）（1982）中，认为消费革命是由工业革命所导致的巨大转变，它同工业革命是必然相伴的过程。在工业革命之前，大量消费经济物品一般意味着奢侈，未扩展到普通人群，只是在贵族阶层才保有。18、19世纪工业化之后，特别是19世纪末20世纪初，随着新生产技术、新管理方法和工厂制度的广泛应用，工业革命不仅节省了时间，提高了工效，开始了资本主义的社会化大生产，而且也降低了成本，提高了工人的工资，扩大了广大工薪阶层的消费机遇，使消费日益发展成为大众消费。

第一节 从自给自足到市场购买

今天，我们一般将消费和生产看作是经济序列中的两个环节。但对工业化历史的考察表明，生产从家庭中分离出来并逐渐形成一个非家庭的工薪劳动者体系是一个长期的过程。在早期的家庭经济中，生产力水平较低，只有少量生产出来的物品是用来同其他家庭或手工业者进行交换的。家庭自己生产一些消费品，基本需要的满足也主要是基于家庭的生产能力和当地的自然资源，生产和消费、工作和生活、赚钱谋生和养家糊口是在同一屋檐下进行的。当然，按照今天的标准，那时的人们可能很贫穷，但他们的消费方式的确没有明显地破坏生态环境。

在工业化和城市化的背景下，随着农业人口被迫加入到工薪劳动者队伍中，家庭经济解体了。劳动力从家庭转向工厂，使家庭由以前的生产者和消费者的统一体转变为单纯的消费者，从生产和消费的单元变成了单纯依靠工薪消费的单元，生产和消费变成分开了的两个经济部类。资产主义第一次使生产和消费在普通人的生活

传统社会中，家庭是生产者和消费者的统一。资本主义第一次使生产和消费在普通人的生活中分离开来。

中分离开来，并使其成为整个社会幸福生活的样本。

这一转变带来了一系列后果，其中之一是生产和消费在空间上的分离，使直接的、人们熟悉的生活空间不再适于保障生计和保护环境了。家庭失去了生产能力，原来的家庭生产被工厂生产所替代。人们的基本生活需要不再是主要通过家庭生产来自给自足，而变成主要通过货币在市场上购买得以满足。这使得企业和家庭之间的劳动力分工转变成在易货过程中的平等关系；同时，消费者失去了对产品的原料来源、质量和成分的影响，也失去了对生产过程的决定性操纵，消费与当地资源直接的相关性减弱了；企业和企业集团成为生产的主导角色，他们常常出于对利润的追求，而决定生产中如何使用资源，决定消费品的质量、数量和价格。①

从家庭生产到依赖于市场的消费方式的变化，不仅使消费者必须依赖于市场获得物品和服务，而且还暗含着人们独立地照顾自己能力的丧失。工业化和城市化，以及伴随着得到政治支持的商品化，使进行家庭生产的条件消失了，再加上由于消费的发展和家庭经济的解体导致的个体化，人们失去了了解对许多公共事务的责任，甚至把使用公共财产和物品当作是他们的权利，“公地的悲剧”②清楚地表明了这一点。这种资本主义生产方式的确定，既是人类社会生产方式的同化，同时也是对传统的生产—消费一体化方式的异化。

第二节　汽车带来的改变

19世纪末20世纪初，新生产技术、新管理方法和工厂制度的应用，不仅使劳动生产率得到了提高，劳动组织和生产方式发生了变化，而且也使企业的消费定向和人们的消费观念发生了巨大变化，这典型地表现在由汽车带来的改变。

一、福特制（Fordism）：从大规模生产到大众消费

人类社会最初是以生产为起点的。物质资料的生产既是人类社会生活的基础，也是人类消费活动的基本前提。人类要生存发展，就要消费一定的生活资料；而

---

① *Sustainable Europe*，pp189-190，1995年。

② 公地的悲剧（the tragedy of commons）：指在一块向所有人开放的牧场中，每个牧民都会尽可能地在公地上拥有更多的牲畜，从而使自己获得最大的利益；但长此以往，牧场就会受到损害，公地的内在逻辑令人遗憾地产生了一场悲剧。环境问题的产生实际上就是这场悲剧的结果。

要取得这些生活资料就要从事物质资料的生产。这本是顺理成章的事情。但当世界文明的发展历程进入到资本主义社会以后，生产与消费的这种先后关系就发生了改变。

小贴士

亨利·福特（1863—1947）20世纪工业的真正创始人，他所创立的“福特制”后来成为所有工业集团的信条。他设想并发展了大批量生产，同时还促成了大众消费，他的这些功绩促成和造就了美国的中产阶级。

资本主义工业生产进入大规模生产（Mass Production）阶段之后，社会具备了为消费者提供大量物质产品的生产能力。这一方面为大众消费创造了物质条件，另一方面也需要大众消费的支持，大众消费又反过来因大规模生产而成为一种强烈的需求。以汽车工业为例，福特率先将标准化生产、专业化分工和最优化工作方法应用于汽车生产中。后来，人们将福特创立的这项生产制度称为“福特制”（Fordism）。1906年，福特公司日产汽车100辆，由于采用了新的生产方式，到1921年平均每分钟生产一辆汽车，1925年达到平均每10秒钟生产一辆汽车的速度，创造了世界汽车生产史的奇迹。以汽车工业为代表的大规模生产的必要前提和必然结果就是大众消费：一个由工薪阶层组成的、能够吸收大规模生产产品的足够大的大众市场。

T型车的生产线。因采用这种管理方式，福特公司1921年达到了每分钟生产一辆汽车的速度，1925年达到了平均每10秒钟生产一辆汽车的速度，创造了世界汽车生产史的奇迹。

福特最先察觉到高产量、高工薪和高消费之间的内在联系。

T型车——让汽车走向大众。在高峰时期，T型车的产量占全世界汽车总产量的56.6%。在20世纪末，T型车当选为“世纪汽车”。

早在1914年，他就提出了“每天工作8小时付5美元工资”的举措。这一举措在当时的美国工业界引起了很大震动，后来逐渐成为美国工业界的一项制度性措施，工人的收入也因此得以普遍提高。正如福特所说：“其实我提高工人的工资并不是对贫苦人的施舍，只是想把公司由于工作效率提高而产生的利润同大家分享。当员工生活富裕之后，消费水平也会随之提高。这些货币在市场上流通也会使T型车[①]的销量提高。”

作为一种管理方法的变革，福特制广泛地应用于汽车生产中，节省了时间、降低了成本、增加了产量、提高了工人的工资，也使汽车的售价能为广大公众所接受，商品生产者变得有能力购买自己生产的产品，大规模生产和大众消费联系在一起了。

大众消费实际上是一种平等消费。为了维持或扩大生产规模、获取更多的利润，企业除了要生产出高质、低价、适销对路的产品以外，还必须利用种种手段来吸引越来越多的人购买。扩大购买人群的一个最重要的办法就是实现“平等消费”，即承认普通公众都有享受的权利，只要有钱，每个人都可以消费，甚至一时没钱也可以借助于分期付款或借贷抵押的办法来消费。这种消费权利的平等或者说消费民主，是一种新型民主或者说是民主的一种新的表现形式。如果说19世纪人们是通过获得平等的政治参与权利来达到平等，到了20世纪人们则是通过消费来达到

① 福特公司在1908年推出的一种车型，是福特公司多次改进技术的结果，使汽车在全球真正普及的正是这种T型车。这种车型问世以后，以其耐用、易操作、价格上可接受等特点成为第一种引起普遍注意的汽车，是世界上第一种大量生产的汽车。在高峰时期，这种汽车的产量占全世界汽车总产量的56.6%。在20世纪末，T型车当选为“世纪汽车”。

平等。消费耐用品和奢侈品已不再是富人或上层阶级的特权，而是每个普通公众的权利。

在汽车销售中，福特的出发点是，无论富人还是穷人都可以平等地拥有廉价而耐用的汽车。这与传统社会只承认少数王公贵族有权享受相比是一种巨大的社会进步。

平等消费的观念不仅增加了汽车的销量，使广大工薪阶层能够购买汽车，而且也为资本家带来了巨额利润。福特是第一位将大众消费和大规模生产结合起来指导庞大企业的企业家，他开创了现代社会工业史的新纪元，使美国的社会经济从以生产定向转为了以消费定向[①]。福特制的真正意义和影响远远超过了个体生产者当时的经济要求，大众化生产在生产出大量产品的同时，也产生出了一系列对整个现代社会有着深远影响的事件，例如，工薪阶层生活方式的结构性变化、销售和消费观念的变化，等等，这些事件不仅改变了经济本身，而且也改变了随后几十年整个社会的生活方式和价值取向。[②]

制造便宜的商品以及通过高工资积累增加对工业产品的需求是一个相当成功的经济发展策略。福特制不仅带来劳动力组织和生产方式的变化，提高了资本家的利润，而且也使工薪阶层整体的生活方式发生了结构性变化。广义地讲，工人们取得的最重要的权利就是自由工会及更安全的社会保障系统，最重要的利益是充足的就业机会、稳定的工薪增长和一些社会福利。工人们并未向资本主义的所有制和控制提出质疑，雇主们也决心忍受工人们的权利和机遇以换取更有利可图的经济环境。工人与资本家这种联盟使丰裕的社会得以形成；另外，家庭经济的解体和平等消费，使得工人们从最初的生活背景中分离出来，使工人有了更多自由选择的机会并可以用消费来支持个人的发展，这对工业社会是十分必要的。福特制的产生标志着大众消费的开始和现代消费者社会的出现。[③]

二、斯隆主义（Sloanism）：消费等级化

虽然福特最先意识到并实现了大众生产与大众消费的联系，但由于其头脑中根深蒂固的农业文明那种节俭单一的消费观念，使其对T型车所持有的信仰是一种旧

---

① 曹南燕，刘立群．汽车文化[M]．济南：山东教育出版社，1996：37，39，63．

② Martyn J. Lee. *Consumer Culture Reborn*，*the Political Economy of Fordism*，Routledge，London and New York，1993：73．

③ Martyn J. Lee.*Consumer Culture Reborn*，*the Political Economy of Fordism*，Routledge，London and New York，1993：73．

世界的信仰，即相信质优价廉的完美产品，而不是新奇的产品。因此，他坚持19年如一日地生产T型车。这最终使得曾经风靡世界的结构简单、造型千篇一律的T型车严重滞销。到了20世纪20年代末，在汽车工业推行大规模生产方式之后，全美汽车年产量超过530万辆，每个能买得起汽车的人都已经有了车，汽车市场似乎已经饱和。之所以说“汽车市场似乎已经饱和”，其实是相对于质优价廉、千篇一律的T型车的饱和，但对新型或奇特的产品来说，还存在着一个远未饱和且永远也不可能饱和的市场。

斯隆认为汽车生产者应为每个人的每种目的提供其所需要的汽车。

“平等消费”虽然提倡人人都可以拥有，但并不意味着取消消费差别。仅有平等消费是不充分的，生产者还必须生产出一些能够满足不同消费者不同需求的产品。20年代初，通用汽车公司的总裁、美国现代企业管理的代表人物阿尔弗雷德·斯隆（Alfred Sloan）看到了这一点，并在汽车工业中极力迎合这种不平等。斯隆主张拉开汽车的档次，造成“消费等级”，以满足不同层次的需求。1921年，斯隆在他的一份报告中提到：公司的首要目标是谋求利润，而不是仅仅去生产汽车，公司的收益和公司作为营利机构的前途，不仅仅取决于产品生产和销售成本的不断降低，而且也取决于不同产品对消费者的用途和价值的不断满足。该报告提出，理想的产品系列是其型号能包括各种价格档次的车，满足具有不同购买力顾客的需求。作为汽车生产者应为每个人的每种目的提供其所需要的汽车。这种产品结构能够使通用公司在不同的价格市场上销售其产品。斯隆认为，未来的重大问题是如何使汽车每辆各不相同、每年各不相同，做到新奇产品源源不断。在这种营销策略的指导下，通用公司鼓励创新，不断提升产品等级，通过给产品做些装饰性的变动而有计划地使产品过时（planned obsolescence）。由于每隔3年汽车就有风格上或功能上的改进，年年都有经过小变动而推出的新款式，顾客常常对自己原来还觉得不错的产品感到不满意。斯隆解释说：“巴黎服装商的‘法则’已经成为汽车工业中的一个因素，忽视这个因素的公司肯定会倒霉。这样说一点也不过分。”①

斯隆现在所要争取的目标是其所谓的“大众阶级”的市场。他认为，美国经济

① 丹尼斯·布尔斯廷．美国人民主历程[M]．北京：三联书店出版社，1993．

的前途不仅仅在于能否提供新机器去做以前未曾做过的工作，因为美国人所想得到的是用更好一点的、更有吸引力一点的、更新颖一点的机器来做已经在做的事情。

斯隆的这种消费定位极大地促进了人们的消费需求。以汽车工业为蓝本，厂商也日益认识到不能反复不断地生产同样的产品。相反，保证生产持续进行的最简单办法就是不断地变换产品，以培养一般消费者的不满足感。于是，人们就有计划地制造消费等级，人为地使产品过时，从而使美国经济通过淘汰那些仍然可以使用的东西来获取增长。出于对财富的欲望、个人倾向的易变性和未明确划分的社会等级等因素，人们日益放弃较新东西而追求更新的东西，使得美国的消费等级不断攀升。[①]

每年一个型号这种做法不仅是对美国人日益追求新颖事物时尚的一种回应，而且它在树立推陈出新习尚的同时，还满足了美国人的其他需要。在一个金钱至上的民主国家里，人们怎样证明自己正在社会的阶梯上攀升呢？斯隆设想每年一个型号的汽车，提供了表现个人成功的一个显而易见和简单明了的象征，从而造成了所谓的“消费等级”。当T型车变得便宜、可靠和大众化后，仅仅便宜和可靠已经不够了。大众化和一致性实际上已成为一种不利因素。T型汽车帮助了越来越多的美国人周游全国，却越来越无法帮助美国人表明其个人在社会地位上的不断上升。斯隆是为了保持汽车工业和通用汽车公司的繁荣才想出每年一个型号的主意，但无意中却使汽车在美国人的生活中具有一种新的、更广泛的象征作用。每年一个产品型号的做法成为美国的一种习尚后，最深刻的影响表现在美国人对所有新奇物品的态度方面。

在这一时期，美国经济相当景气，汽车工业和建筑业成为第一次世界大战后刺激经济增长的两大支柱。消费者大量购买在战争时期短缺的消费品，工商业者积极抢购囤积战时短缺的商品，私营企业的巨额支出很快补偿了政府庞大的战时开支，并提供了许多就业机会，扩大了社会购买力。这一时期，大多数人都非常同情企业界，总是力图迎合工商业的需要。当时的卡尔文·柯立芝（Calvin Coolidge）总统曾郑重其事地说：“美国的事业就是做生意。”当时的一位著名的社会观察家曾写道：“经商几乎成了美国的国教。”[②]与传统的节俭习惯和禁欲主义的文化相背离，销售活动成了当代美国最主要的事业，它强调挥霍，鼓励讲排场、比阔气，基

---

① 曹南燕，刘立群．汽车文化[M]．济南：山东教育出版社，1996：66–67．

② 吉尔伯特·C·菲特，吉姆·E·里斯．美国经济史[M]．沈阳：辽宁人民出版社，1981：671–677．

于这种普遍崇尚商业和销售的意识，形成了良好的消费氛围，保障资本主义生产所需要的消费环境已经初步形成。不过，尽管如此，相对于资本主义巨大的生产能力来说，消费需求似乎还是不能满足大规模生产对大众消费的需求。

第三节　凯恩斯主义的经济政策

20世纪20年代末，美国的大众生产迅速转向生产的危机和消费的危机，这是资本主义发展史中最深刻、最严重的一场由于生产过剩所导致的浩劫。面对30年代整个资本主义世界经济危机的危殆时局，英国经济学家凯恩斯（John Maynard Keynes）承认这种病症的极端严重性，并将其确认为是一种“有效需求不足”，即生产（供给）增长大于需求增长：一方面是消费资料的有效需求不足，即消费不足；另一方面是生产资料的有效需求不足，即投资不足。同时，他认为生产方面的有效需求不足最终来自消费方面的有效需求不足，投资需求不足是由消费需求不足派生出来的。所以，有效需求不足归根到底源于消费需求不足，进而把对消费的需求和对投资的需求联系起来，直接或间接地归结为“消费需求”。这实际上也是对消费在整个经济活动中所起作用的一种阐释，即消费需求是资本主义生产的源动力。因此，凯恩斯特别强调消费倾向对资本主义经济发展的影响，并将其看作是解决实际经济问题的关键。[①]

凯恩斯认为消费需求是资本主义生产的源动力，大众高消费在美国社会获得了合法性。

凯恩斯进一步探究了有效需求不足的病源，他用资本边际效率、灵活偏好和消费倾向递减三个规律来解释这一现象。凯恩斯认为在资本主义条件下，总供给往往是大于总需求的，而导致供给与需求不均衡的“有效需求”不足又决定了劳动力不能“充分就业”。造成这种现象的原因是：人们在收入增长时总是倾向于多储蓄、少消费，资本家的投资也因对未来缺乏信心和激励而增长不快。正是这种有效需求

---

① 刘涤源．凯恩斯主义就业一般理论评议．凯恩斯主义研究（上）[M]．北京：经济科学出版社，1989：235-240．

的不足，特别是投资需求不足，导致失业和经济危机。因此，按照凯恩斯给资本主义经济危机开的药方，政府应通过各种手段干预经济，刺激投资和消费。

凯恩斯本人对消费倾向的心理规律给予突出的重视，他的追随者对此也极力赞扬。A·H·汉森（A. H. Hanson）认为这是对经济分析工具的一个划时代贡献。另一位凯恩斯主义者S·E·哈里斯（S. E. Harris）说："它是凯恩斯理论结构的一个基石。"在一定时期内，凯恩斯的"有效需求不足"理论对于解决资本主义经济危机也确实起到了立竿见影的作用，并且也恰恰是因其作用明显，使得其经济学理论在世界范围内产生了广泛的影响，成为许多国家对经济进行干预的理论基础。"二战"后的美国，更是积极推行凯恩斯的经济政策，使凯恩斯理论风靡一时。

将凯恩斯的经济理论扩展为一个国家对经济行为进行干预的经济政策，使得与较高的生活水平相联系的大众消费被视为经济体制的合法目的，从而特别强调消费在社会经济中的重要地位，消费成了促进经济发展、社会进步、生活水平提高的最有效手段，甚至成了公民的一种爱国责任。追求大规模消费成了美国经济政策不言而喻的目标和当代美国最主要的事业，大众高消费在美国社会获得了合法性。原来只允许少数人享受让位于鼓励大众享受，原来的勤俭节约、物尽其用的信条让位于追求新奇、舒适、享受和奢侈浪费，原来的量入为出让位于"能挣会花"，甚至是超前消费。普遍的社会奢侈之风具备了社会接受的文化和道德基础。接下来，便是销售手段的创新了。

第四节　由汽车消费导致的销售方式的创新与消费观念的变化

伴随着资本主义社会化大生产，以消费者定向的汽车消费导致了销售方式的改变和消费观念的变化，这是一个渐进的历史过程，它改变了资本主义社会中受传统的禁欲主义伦理影响的勤俭观念，而逐渐走向了一种追求奢华、刺激消费的大众消费时代。

一、分期付款制度

汽车生产集中在少数几家公司的情况促进了分期付款购货信贷的发展。20世纪初期，新型号的汽车犹如昙花一样，很快出现又很快消失。时至1950年，美国生产了大约2 000种不同型号的汽车。在这样一个变化多端的市场中，往往是当买主把一款汽车的钱付清时，生产厂家已经停产，结果买主买不到保养车子的零配件。20世纪50年代，市场被通用、福特和克莱斯勒三家公司控制，买主买的是已经打响的牌子，这样就减少了贷方所承担的风险。于是，分期付款购货受人青睐了。

汽车生产使美国拥有了最雄厚的分期付款信贷基金。与此同时，分期付款购货也成了人们为得到日益增多的各种耐用消费品而越来越普遍采用的方法。从某种程度上说，正是由于有了分期付款购货法，才有了今天美国人的幸福生活。“二战”伊始，用分期付款购货法销售的商品主要是收音机、留声机、电冰箱、煤气灶和电炉、食品搅拌器、洗衣机、熨烫器和真空吸尘器；后来这个市场又扩展到包括空调机、除湿机、割草机、食品冷冻机、垃圾处理机、洗碗机、调频收音机、电视机、壁炉、计时烹调器、烘干机、地板打光机、自动咖啡壶、电动搅拌器、吹风机、蒸汽浴设备、运动器材、减肥器械，等等；甚至还扩展到价格昂贵的娱乐用品，如汽艇、房车和欧洲旅行。到60年代中期，分期付款信贷额是任何其他种类消费信贷额之和的3倍。1/4以上的美国家庭用分期付款法购买汽车。小额首付和优惠条件使美国人可以逐步提高其消费水平，每年都有人买标价更高的汽车。到1970年，2/3的新车和一半的旧车都是用分期付款法购买的。

随着分期付款成为人们普遍采用的方法，取得分期付款信贷的个人条件也降低了，甚至不复存在了。几乎任何人都可以随时买到汽车。买一辆新车的首付款只需1/5甚至更少，余额可以在3年内付清。美国人很快就失去了对自己所衷情的新型汽车的热爱。一般说来，当他把汽车拿到手时，他根本算不上这辆汽车的主人，他和汽车之间的关系只靠很少一笔投资维系着。等他把钱付清时，这辆汽车已经过时了，至少汽车商是这样说的。话剧《推销员之死》的主人公威利·洛曼（Wiley Loman）十分感慨地说道：“我这辈子一直盼望着能够在一件东西用坏之前成为它的主人。我总是和废品垃圾场赛跑。我刚刚付清车钱，这辆车就已经破烂不堪了。”由于分期付款变得越来越普遍，资本主义原始积累时期的节俭美德已经没有意义了。美国生活水准意味着在付清贷款之前就享用的生活习惯，并且这种习惯成为工业化或资本主义必不可少的动力。

二、信用卡制度

20世纪中期，对汽车的需求还使另外一种商业体制应运而生，它改变了货币本身的功能。随着汽车在全国各地的普及，相互竞争的石油公司以提供信贷的方式吸引开车人使用他们的汽油。为此，加油站的信用必须和汽车一样灵活。于是，石油公司发给顾客一种在全国许多加油站都可以通用的证明卡。这就是信用卡（credit card）的开端。如今信用卡已经发展成为一种较完善的体制。

汽油信用卡后来转化成为一种通用信用卡，把发放信用卡和承担信用卡结账的风险变成了一个赚钱的新行业。零售商愿意接受信用卡，因为发信用卡的公司保证立即以现金支付所有信用卡账目，只扣除少量服务费。顾客们为了得到随意赊账的便利，也愿意每年交纳会员费。银行很快也开始发行自己的信用卡。到60年代末，已经有200多万人持有美国银行的信用卡，他们每年的账单高达2.5亿美元。信用卡成为一种崭新的货币形式，消费进一步大众化了。

作为一种崭新的货币形式，信用卡使消费进一步大众化。

三、特许权制度

在分期付款和信用卡制度之后，又发展出一种新体制——特许权制度。这是一项把许多小规模投资者的资本汇集到大企业的一项最重要的发明。由于能使一个拥有小额资本且无经验的人从大资本、大规模、全国性宣传和已经确立的声望中获得好处，特许权使工商业进一步大众化了。另外，通过在全国各地提供同样的食品、饮料和服务，特许权使消费进一步大众化，并创造出新的依附性和独立性，缩小了不同时空间的差别。建立在全国性广告宣传、销售体制和无止境创新基础上的美国生活水准，需要更新的销售方法和更新的拥有形式。特许制度恰恰迎合了这种需要。特许权就是一个制造商让一个推销商出售其产品的权力，或者一种标记、商标或经营技术的所有者让人在所经营的事业中使用这一标记、商标或技术的权力。特许权几乎涉及与美国生活水准有关的所有产品和服务。20世纪70年代，其所渗透的生活领域越来越广。截至1965年，约有1 200家公司提供特许权给35万家代销店，占美国零售业的1/3以上。

尽管特许权是一个古老的概念，但在20世纪的美国，“特许”（franchise）又被赋予了新的含义。同20世纪中期许多其他具有美国特色的体制一样，这一新生事物也是随着汽车的出现而产生的。为了销售汽车这类价格昂贵且批量生产的消费品，遍布全国各地的销售网点是必不可少的，特许经营成了汽车工业的标准销售制度，造就了一大批新的半独立的商人。

特许经营很快渗透到销售活动中，随之产生了无数新奇的事物、飞速的进步和模棱两可的所有权。在特许权所涉及的范围里，美国人生活中的新事物层出不穷。特许权使发明家、制造商、推销者和拥有专门技术的人能够以前所未有的速度在这个国家里推销其产品或劳务。这种新的大众化形式扩大和加速了新事物涌入日常生活的进程。

四、消费信贷

近几十年来，消费信贷在一些发达国家得到迅速发展，很多消费者通过预支其尚未到手的收入，满足住房、汽车、家电等耐用消费品的需求。甚至人们普遍的认同的观念是：不能负债说明你的信誉差，信贷消费说明你的信誉好，人们进行贷款消费是天经地义、理所当然的。

在西方发达国家，消费信贷已成为商业银行扩大经营、加强竞争、获得利润的重要手段。名目繁多的消费信贷极大地满足了美国人多方面的需求，诸如住房贷款、汽车贷款、信用卡、耐用品贷款等。无所不在的消费贷款甚至使一次性付款失去了市场。

消费信贷的实施有利于灵活地安排个人资金，扩大了消费需求，拉动了经济增长，从表面上看来是一件利国利民的好事情，但是在盲目扩张人们需求的同时，也带来了许多不必要的浪费，并对环境产生了很大的压力和损害。

第五节　消费者社会（Consumer Society）的形成

尽管大萧条和“二战”暂时拖延了消费的民主化进程，但在战争结束后不久，大众消费就走向了成熟期。20世纪50—60年代期间，美国国内和国际市场迅速扩大。在全球消费者社会的中心地区，自由放任的经济政策和最新的国际化股票和债券市场创造了宽松的银根环境，促成了消费者在社会中及时行乐思想的盛行。到了60年代，尽管仍旧是在不同水平上，但它已经扩散到了整个世界。一些学者将这种由大众消费导致的生活方式，称为“消费的民主化”（democratization of consumption）。尽管人们的收入、生活标准和社会机遇存在着巨大的差别，但在作为消费者意义上他们是平等的；并且即使人们在消费上也存在着一定的差异，但是没有一个人被排除在市场交换之外。随着消费民主化进程的日渐深入，依赖工资生活的工人也能够实现以往只有在资产阶级家庭才能拥有的诸如住房、汽车、娱乐和休闲等物品和服务。当品牌成为家庭词汇的时候，当过多包装、加工的食品广泛出现的时候，当汽车占据了美国文化的中心位置的时候，典型的消费者社会就在20世纪的美国出现了。

这一时期，经济领域发生了深刻的变化，技术及体制性转变降低了生产领域的作用。随着物质的不断丰裕，人们在基本生活需要方面的匮乏状况已基本得到了改善，能否生存的忧虑不知不觉中已经转化为怎样生存的问题。人们首先要吃饭、穿衣的前提转变为人们要吃什么、穿什么以及还想要些什么的问题。人们关注的焦点已从基本需要的满足转入文化—意识形态范畴，经济因素对整个社会的决定性作用正在逐渐减弱。即使人们必须首先获得衣、食、住、行是一个生物学的、物质生产的甚或是经济学的问题，但是人们如何满足这些需要以及如何体验这些需要则属于社会—文化范畴，这给社会文化对消费的建构与引导提供了机遇。

这种迹象首先被经济学家和商业经理们注意到了。当人们对食品、衣物和住所的自然需要感到满足时，大规模生产的产品将卖不出去，为了维持资本的继续增值，刺激大众消费便成为继续经济扩张之后的主要问题。政府、经济部门以及大众传媒一同积极参与了一场空前的推动消费的联合行动，一切有效的鼓励消费的措施和创新都被制度化了，其中信用卡制度和分期付款是最有代表性的促进高消费的制度措施。这些措施甚至比技术发明更为有效，它们彻底地打消了新教徒害怕负债的传统顾虑，扩大了市场销售，并使美国人养成了在付款之前就先享用的习惯。反过来，又迫使美国人去加倍努力挣钱，不断地满足自己永无止境的需求。以往节俭的美德已经失去意义，大量消费成了普遍的社会风气。

这一时期消费观念的变化还体现在美国人成就标准的变化上。美国人的基本价值观就是注重个人成就，具体的衡量标准就是工作与创造。美国人习惯于从一个人的工作质量来判断工作者的个性品质。20世纪50年代，尽管这种成就模式依然存在，但却被赋予了新的含义，即强调地位和时尚。文化不再与如何工作、如何取得成就有关，而是与如何花钱、如何享乐有关。尽管新教伦理观的某些习俗仍旧发挥作用，但事实上20世纪50年代的美国文化已经转向了享乐主义，它注重游玩、娱乐、炫耀和快乐，并带有典型的美国式强制色彩。①

消费者社会具有三个重要特点：富裕、巨大的消费力和极强的消费心理。消费

---

① 丹尼尔・贝尔．资本主义的文化矛盾[M]．台北：桂冠图书股份有限公司，1989：72．

者社会的消费状况已经不同于过去了。纵观整个人类历史，贫穷是主体，富裕只是少数人的事情，即使是在较富裕国家，绝大多数人也仍然要为生存而挣扎；但到了20世纪60年代的美国，绝大多数人的最低营养、住房和衣食都得到了保证；除了基本需求之外，许多在以前是奢侈品的住房、耐用品、旅行、消遣和娱乐也不再仅限于少数人，广大群众都参与到享受这些物品和服务的行列中，投身于为他们自己创造最大量需求的生活中，消费活动成了许多人日常生活中最重要的活动，甚至其作为消费者的身份远远超过了作为社会公民的身份。公民社会中的公民角色逐渐隐退，取而代之的是消费者角色。无论如何这在人类历史上还是第一次。

消费以史无前例的规模体现了一种盛行的人类社会新形式——消费者社会。近几十年来，购买更多的物品，需求更多的东西，已经成为西方工业化国家超乎一切的目的，绝大多数人都不能超然其外。

第二章 文明人的消费生活

“大众消费的社会”这一说法，来自美国著名经济学家W·W·罗斯托（W. W. Rostow），罗斯托将经济增长划分为5个阶段：即传统社会阶段、准备起飞阶段、起飞阶段、走向成熟阶段和大众高消费阶段，[①]其中最后一个阶段，就是在美国、加拿大、西欧和日本等国家广为流行的——“大众高消费社会”（the society of high mass consumption）。巴巴拉·沃德（Barbara Ward）写道：“大西洋世界的大众消费经济在人类历史上展示了一种新现象：在这个社会中，不仅仅是某些个人、群体或阶层，而是社会作为一个整体是富裕的并且期望变得更富裕。这种大众化消费不仅使大众心理发生了变化，而且也使历史、社会和世界的发展发生了变化。”[②]罗斯托和巴巴拉使用“大众消费社会”一词主要集中于历史和国家发展方面的变化，但没能概括出大众心理上的变化。我们今天所生活的社会，是一个“丰裕的社

---

① 除了这5个阶段外，后来罗斯托又补充了一个“追求生活质量阶段”。
② Barbara Ward. *India and the West*, W. W. Norton & Company, Inc., New York, 1961.

会”，我们社会中的很多人，特别是一些发达国家的居民以及一些新兴国家的富裕人群，其中也包括作为新贵的中国社会中的富裕阶层，他们衣食富足，生活优越，拥有各种各样的设备和设施，能够满足日常生活中各种各样的需要和欲求。他们所需要的物品几乎都能在市场上买到，并且也都有很多的选择，以至于眼花缭乱、无所适从，甚至最大的痛苦不是买不到他们想买的商品，而是不知道如何从众多的商品中进行选择，或者是受累于拥有太多的物品。接下来，让我们领略一下当今所谓文明人的消费生活!

第一节 丰裕的社会

第二次世界大战以后，工业化国家在科技进步中获得了高额利润，平均收入也随之上涨。人们能够积蓄大量的钱财，购买一些与家庭生活相关的耐用商品。20世纪50年代，先是对黑白电视机的需求；技术的进步很快使其过时，既而转为对彩色电视机的需求；接下来便是住宅建设的繁荣，随着规模效益和生产的标准化，建筑业的大生产开始。战后的建筑业几乎能为每一户家庭提供住房。伴随着人们迁入新居，婴儿车、衣服烘干机、电烤箱、冰箱、洗衣机、电视机等塞满新居，并形成日益上涨的消费潮。与此同时，住房、汽车、洗衣机、电视机等成为绝大多数美国人基本生活的需要，甚至生产更多的消费品也成为美国经济的首要目标，几代领导人都忠实地追求这一目标。

维克托·勒博（Victor Lebow）在20世纪50年代中期写的一篇文章《这是一个生存问题》（*This is a question of survival*）中，对“强制消费”大加赞扬。他说：“巨大生产率的经济要求我们把消费作为一种生活方式，把商品的购买与使用变成一种仪式，从消费中获得精神的满足……我们需要以不断增长的速度把东西消费掉、烧掉、穿掉、换掉和扔掉。”[①]

美国著名的经济学家加尔布雷思（Galbraith）将这种社会称之为“丰裕的社会”（Affluent Society），“丰裕的社会”在一定程度上反映出这个社会物品丰富的特点。“丰裕”代表了新经济图景的一个方面，但它也是一个相对概念，是同过去或者同其他国家相比是丰裕的。

改革开放后的中国，伴随着市场经济的长足发展，人们的生活水平有了很大提

---

① 张坤民．可持续发展论[M]．北京：中国环境科学出版社，1997.

高。中国人也经历了类似于美国战后的经济繁荣时代，不仅经历了住宅建设的繁荣，而且伴随着居住条件的巨大改观，各种各样的家用电器日益走进家庭，人们的消费水平有了很大的提升，同样公众强劲的消费能力也成为拉动经济增长所必需的条件。消费生活的进步在中国人的日常生活中体现得十分明显，超市购物可以很直观地反映出人们消费生活的变迁。

第二节 超市里的购物车

近些年来，伴随着中国经济的崛起，中国人的消费生活发生了天翻地覆的变化，特别是诸如北京、上海之类的经济发达城市，这从大型超市的购物车中可见一斑。当你来到中国城市里的大型超市，你会发现超市里的物品琳琅满目、应有尽有，超市里也人流如潮，人们悉心选购自己想买的物品，很多人推着装满各式物品的购物车，尽管没有耐心但都排着长长的队伍交款，甚至排队的时候也要顺便捡些周边的小物件装到车里。调查发现，“困”在长长的结账队伍中的人们，购买周围货架上的糖果和苏打水的概率要高出25%。暴露在顾客面前的诱惑越多，他们就越可能经受不住这些诱惑的考验。这也就是为什么一些像牛奶、面包、鸡蛋这样的日常商品被商家们放在一些比较靠后的角落里或者是商场的高层，因为这样会迫使顾客穿越许许多多的诱惑去购买这些食品。因此，面对大型超市里琳琅满目的商品、涌动的人潮和满载商品的购物车，很多外国人无论如何都不相信中国还只是一个发展中国家。

伴随着营销方式和手段的变化，一些经营成功的商店，往往是你或许只想进去买一件简单的物品，但最后却可能购买了很多商品，并且这些物品可能实际上并没有多大用处，但当置身于商场之中，你会觉得无论如何都该

装满货品的超市购物车

买，或者买了有多么的划算，甚至是捡了大便宜。其实每当你走进任何一家商店，你就等于受到一大群营销专家的摆布，他们的工作就是想尽办法让你在离开商店之前，尽可能把口袋里的钱掏出来，装满你的购物车。从紧缺经济时代走出来的人们，有时似乎还可以抵挡一阵，而对于许多新新人类而言，面对琳琅满目的商品可就难以自拔，甚至执迷不悟，完全难以抗拒和抵挡，甚至一切都是那么合理和必要，都是正常生活的一部分。中国社会中已经塑造了一批又一批的购物狂和消费迷，只要徜徉于商场里，只要是买东西，就可以医治心灵的寂寞与烦躁！

实际上，你以为你到商店里抢购了一件特卖的商品你就捡到便宜了吗？其实不然，你在商品上不仅花费了金钱，而且也消耗了大量的时间，只有经过清醒的反思，你才会了解为什么商店会推出这样的特卖组合。但通常情况下，一旦你踏进店门，店家便可以运用各种技巧让你中招，方法真是五花八门、种类繁多。我们每一个消费者都是商家营销策略的俘虏，却都还自以为是理性的消费者，在进行着所谓的自主选择，这是我们幸福生活自主的一部分。

第三节 餐桌上的罪恶

中国是具有近五千年历史的文明古国，饮食文化源远流长。 素有“民以食为天”“悠悠万事，唯此为大”等众多说法。但在今天的中国，“吃”已不再是填饱肚子的代名词，而是一种体面、排场、享受、炫耀，甚至普遍而严重的奢侈与浪费！

回顾一下我们所参加的各种婚宴、寿宴、招待会、聚餐，等等，琳琅满目的食品往往令人目不暇接：鸡、鸭、鱼、虾、蟹，牛、羊、猪、驴肉，甚至飞禽走兽。山珍海味，乃至蚂蚁和蝎子等，中国人可谓无所不吃，奢侈得有时甚至没有吃就被倒掉！公款吃喝更是成为一项社会顽症，能拉出一个天文数字的账单。对此，从上至下，一片鞭挞之声，然而，各种公款吃喝的行为却屡禁不止。面对餐桌上堆积如山的美味佳肴，无论是鸡鱼肉，或是海参鱿鱼，甚或龟鳖鱼翅，如果都吃到肚子里，获得了快乐和健康也还算是物尽其用，但很多美味佳肴都被浪费掉，被扔进垃圾桶，却无异于犯罪。

有些人不仅吃得浪费，而且什么都吃，什么也都敢吃。为了满足人类的口腹之欲，造成了很大的环境损害，特别是动植物物种的灭绝。如最大的空中飞行哺乳类动物——关岛大蝙蝠，因其栖息地的破坏和入侵者们的食用，1968年最后一只关岛大蝙蝠也被用来满足人们的口腹之欲了。美食家们在关岛大蝙蝠荡然无存后，又把追逐美味的目标放在别种大蝙蝠身上，现在每年至少有1.6万只大蝙蝠难逃厄运。50余种大蝙蝠中已有7种先后灭绝，剩下的也濒临灭绝。

人类的盛宴，环境的灾难！

提到吃野味，中国被公认为全球最大的野生动物消费国。在这个崇尚“民以食为天”的东方国度，在其五千多年的文明史中，既创造了缤纷多彩的饮食文化，也留下了不文明的饮食陋习。有些人什么都想吃，什么都敢吃，没有任何禁忌和负疚感。如今只要肯花钱，就能吃到像山鸡、夜游鹤、狐狸、貂、麻雀、斑鸠、蛇、果子狸等，就连熊掌、藏羚羊、穿山甲等珍稀物种都被品尝。据权威媒体报道，某市野生动物交易市场的日交易额达190万元，经营的野生禽畜超过100种，年交易额高达六七个亿！且其中大都是国家一、二级保护动物。

将野味当作“盘中餐”之风近年来在许多地方愈演愈烈。据《文汇报》记载，20世纪90年代以来出现的“野味热”和“狩猎热”，以致“丛林鸟飞绝，群山兽踪灭”成了陆生野生动物的真实写照，东北虎、野生梅花鹿、金钱豹、花尾榛鸡（俗称飞龙）等已濒临灭绝。食用野生动物是我国某些地区长期存在的陋习，对人类的身体健康和生命安全构成很大的潜在危险。中国科学院动物所张知彬所长认为，野生动物是自然疫源地中各种病原体的巨大天然储藏库，已经发现的许多重大的人类疾病和畜禽疾病都源于野生动物。农业部动物冠状病毒疫源调查组专家忠告，缺乏检疫的野生动物，通常携带不明病毒，不啻“生物炸弹”，一旦食用就会在疫病传染方面埋下巨大风险。

吃野味，有人美其名曰是中国的饮食文化，此言差矣！饮食文化是中国传统文化的基本内容，所谓饮食文化指的是一种文明、高雅的饮食，具有丰富的文化内涵和高尚的艺术品位。餐桌上的奢侈和浪费是腐败与罪恶，是粗俗和堕落，是没有文化品位的表现。孔子说：“食不厌精”，就是说吃饭应该有讲究，但绝不是胡吃海喝！孔夫子又说：“君子食无求饱。”孔子对“饱食终日、无所用心”提出了极其严厉的批评。孔子强调的是“君子谋道不谋食”。这才是中国饮食文化的精髓所在！

中国的饮食文化是一门学问，也是一种生活艺术和人生境界。孔子说：“人皆饮食，鲜能知味也。”其实，即使是一碗清汤面、一盘豆芽菜、一盘海带丝和花生仁，只要静心品尝，都是莫大的享受。餐桌上的美味无不是吸天地之精华，无不历经生命的成长，都是辛勤劳动之结果，一粥一饭来之不易。

尽管餐桌上浪费为许多人所不耻，但真轮到自己的时候，往往碍于面子和风化，也就随波逐流。繁荣与腐败似乎成为一对孪生兄弟，难道我们的繁荣一定要付出腐败的代价吗？难道就应该任由奢侈浪费、贪污腐败继续发展下去吗？这种奢侈和浪费会葬送国家和民族的前途，任何繁荣都经受不了腐败的吞噬。如果每一个中国人每年在餐桌上浪费100元，就会出现1 000多亿元的巨额浪费；相反，如果每个中国人都讲究文明节约的饮食文化，每年只要节约100元就会带来1 000多亿元的经济效益，环境污染与生态破坏也会大幅减轻，这无论如何也不是小事了。

第四节　时尚毁灭地球：潮流背后的浊流

在大众消费社会中，购物是大多数现代女性最钟爱的消费活动之一，并乐此不疲。对于衣物，爱美女性更有“再多也不够”“女人的衣柜永远少一件”的心态。为了追求时尚衣着，女性朋友们花费了大量的时间、精力和金钱，购买了许多衣物，甚至很多衣服根本就没机会穿被尘封在衣橱里甚至扔掉。

在人们的常识观念中，环境影响只是与工业生产或大规模的技术活动有关，人们的穿衣戴帽似乎并不产生什么环境影响。尽管生产服装和鞋子之类的生活用品确实比不上重工业对地球产生的损害严重，但提供流行样式的确导致了生态影响。如棉花种植者是世界上最大的农药和水的使用者之一，合成纤维织物主要来源于以不可再生资源作为原料并产生严重污染的石化工业，一些毛料和皮革来自过渡放牧地区的牲畜甚至一些珍稀动物，欧美时尚世界对藏羚羊绒的需求将这种美丽的动物逼向灭绝，纺织厂常常使用作为危险品登记的工业染料，不断追求服装的时尚而生产和废弃的衣物也产生了大量的垃圾及污染，等等。

时尚文化造就了“女人的衣橱永远少一件”！

改革开放以来，中国人的衣着观念发生了非常大的变化。从最初的干净就行，甚至只要干净有补丁也不寒碜，过渡到讲求时尚式样，追求色彩、款式和场合的搭配等。这种观念的转变并不只是发生在少数人的身上，而是成为芸芸众生心之所向，在新新人类身上体现得更是淋漓尽致，更有甚者是除此之外别无他求。

英国专栏作家Lucy Siegle在2011年出版了一本名为《至死不渝：时尚毁灭地球》（To Die For: Is Fashion Wearing Out the World?）的书。在这本书里，Lucy提醒那些被时尚工业的“新品、新款”反复洗脑的消费者，他们低价购买的潮品，在填满了一个个衣柜之外，实际上是在协助“快时尚”工业盘剥地球。所谓的“快时尚”（Fast Fashion）是服装行业的新宠，信奉在最短时间内向消费者提供最多、最快的潮流服饰，且价格低廉。在国内最常见的是Uniqlo、Mango、H&M、C&A、ZARA、GAP、ONLY、Vero Moda、Jack Johns等。几大“快时尚”品牌都有类似的特点：开在城市的核心商圈，店铺宽敞简洁，不提供贴身服务却拥有一间可以肆意自恋又不受打扰的试衣间。这无疑是受够了逼仄的试衣间和势利店员白眼的消费者的福音。目前“快时尚”已成为服装行业的领头羊，引得本土品牌竞相仿效。岂不知潮流背后是浊流，在那些橱窗射灯下熠熠生辉的潮品大多来自抄袭，且可能就诞生于我们身边的某个污水排江的工业园区。全球化时代的产业分工，几乎让每一件高端大气上档次的时尚衣裳背后都包含着污水横流的环境债，而纺织、印染、整理过程中的大量有毒有害物质，终将由江河进入我们的身体，完成一个由时尚起、至健康终的循环。

第五节 用过即扔的潇洒

现代社会是一个“用过即扔的社会”（Throwaway Society）。在现代社会生产中，商品的废弃和任意处理相当普遍。人们在把自然资源转变为有用物品的过程中，两次创造了废物——一次是在生产过程中，作为生产过程的一部分出现的；另一次是当人们厌倦了某一物品而将其丢掉的时候。从生活消费的角度看，现代社会不同于传统社会的两个重要方面，一个是大众化消费时代的到来，另一个就是物品生命周期的缩短。我们所使用物品的流动速度大大加快了，过去一件家具可能会用一辈子，甚至还可以传给下一代，而现在甚至几年就换一套新家具。过去一双皮鞋可以穿几年，甚至半辈子，而现在穿两三年就不错了。属于消费者阶层的人们每年扔掉很多物品，在他们眼里，每一种东西都不可避免地要损耗、毁坏或被新的物品所代替，而新的物品也注定会被迅速淘汰或扔掉。

“用过即扔的社会”一个典型表现就是一次性物品的广泛使用。尽管一次性物品确实在一定程度上满足了人们的特殊需要，但消费者社会一次性物品使用的激增，浪费了大量的材料，同时也产生了大量的垃圾。据统计，英国人每年抛弃25亿块尿布；日本人每年使用3 000万台“可随意处理的”一次性相机；日本的公司免费分发数百万节含有镉和水银的电池；除了可任意处理的钢笔之外，美国人每年抛弃1.83亿把剃刀、27亿节电池、1.4亿立方米用于包装的聚苯乙烯塑料，3.5亿个油漆罐，再加上足够供全世界人口每月野餐一次的纸张和塑料制品。消费者经济用短暂的用过即扔的物品代替了曾作为环境健康典范的耐用品，“用过即扔”在北美、日本和欧洲的大部分地区成了带有普遍性的生活方式。①

① 阿兰·杜宁．多少算够[M]．长春：吉林人民出版社，1997：66和莱斯·R·布朗，等．拯救地球——如何塑造一个在环境方面可持续发展的全球经济[M]．北京：科学技术文献出版社，1993：34.

第三章
消费主义怪圈

罗马俱乐部的《增长的极限》的报告告诉我们，人类生存所依靠的自然资源和地球承载力是有限的。

在人类经济活动的“生产—分配—交换—消费”四个环节中，与环境结合最紧密的是“生产”与“消费”这两个环节。前者表现为人类向自然的“索取”活动，后者表现为人类活动对环境的影响。人类的生产活动一般都是直接或间接地消耗自然资源而产出产品的，自然资源是生产性消费和生活性消费的最终来源。资源对于经济发展的作用是显而易见的。古典经济学家如亚当·斯密（Adam Smith）、大卫·李嘉图（David Ricardo）甚至卡尔·亨利希·马克思（Karl Heinrich Marx）常以矿山和土地作为讨论的资源形态。现代经济学已经将经济学的研究对象扩展到包括自然资源、技术资源、人力资源、社会资源以及时间资源等更为广泛的范围，泛指一切参与经济过程的要素。但相对来说，除却自然资源之外，资源都具有相对的不可耗竭性，只要人类赖以生存的自然资源存在，其他资源就都能够存在。因此，我们一般所讲的资源主要还是自然资源，包括土地资源、生物资源、水资源、气候资源、海洋资源和矿产资源等，它们是生产的原料来源和布局场所，是所有产业和个人赖以存在的根本条件。人类社会的经济增长和发展在很大程度上是从森林、土壤、海洋和河流中汲取原料的，人类世世代代的繁衍生息，都是通过开发和利用各种自然资源来维系的。随着社会的发展和认识的深入，人们越来越深刻地感受到消费需求不仅取决于社会经济条件和历史传统，而且也受到自然资源的限制和影响；也就是说，人类的消费活动受到社会可提供的和自然所能承受的消费水平两方面因素的制约。过去人们的消费多是受制于社会所能提供的消费水平的限制，但从工业革命以后，特别是20世纪五六十年代以来，人类消费更多地受制于自然所能承受的消费水平的限制。

大多数环境问题的产生都是同自然环境的两个基本功能受到损害相联系的，即自然资源的提供和垃圾污染物的清除。环境问题的本质在于人类消费活动索取资源的速度超过了资源本身及其替代品的再生速度和向环境排放废弃物的数量超过了环境的自净能力，消费者社会不可持续消费方式的危害也主要集中在这两个方面。20世纪60年代，罗马俱乐部的题为《增长的极限》（The Limits to Growth）的报告使得人们开始对资源的极限发生恐慌。这篇报告的关键性结论就是经济增长和人类生存所依靠的自然资源和地球的承载力是有限的，人类在心理层次上无限增长的需求同我们的星球在物质意义上的有限性存在着尖锐的矛盾。如果人类社会继续追求无限增长的目标和无止境的消费，最终会突破地球众多极限中的某个极限。该报告认为尽管无法给出这些有限性的上限，但确实存在着这样一个极限。[①]在此之前，自然资源被认为是“大自然的免费赠品”，经济系统没有对其进行任何适当的核算和评估。经过人类历史长期的累积效应，现在这些在社会历史时间内不可再生的资源面临着在较短时期内被耗竭的危险。

世界观察研究所的阿兰·杜宁（Alan Durning）在《多少算够——消费者社会与地球未来》（*How Much is Enough—The Consumer Society and The Future of The Earth*）一书中将世界人口划分为三个主要的生态等级：消费者（consumer）、中等收入者和穷人。从理论上讲，这三个等级可根据他们人均消费的自然资源、排放的污染物和破坏动植物栖息地的情况来确定；在实践中，这些群体可通过人均年收入

---

①D·米都斯，等. 增长的极限[M]. 长春：吉林人民出版社，1998.

和生活方式来加以区分。其中，消费者——全球消费者社会的11亿成员——包括所有家庭成员的人均年收入在7 500美元以上的家庭。他们大部分是北美、西欧、日本、澳大利亚人和中国香港、新加坡的城市居民以及中东石油国家的公民，半数的东欧人和英国人也属于这个阶层；加之大约1/5的拉美、南非和亚洲新近工业化国家（如韩国）的居民。[1]

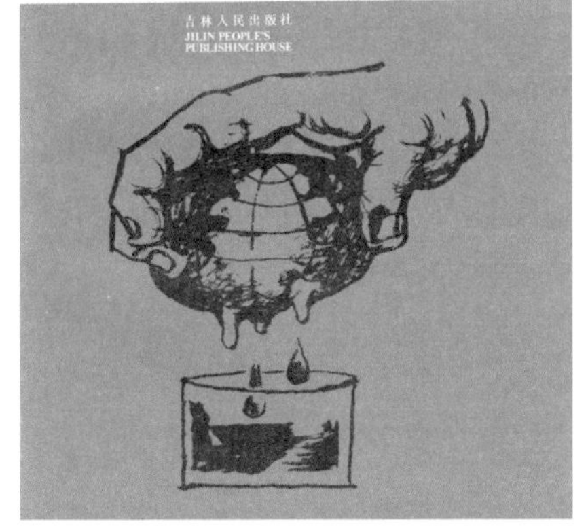

一个值得深思的问题：贪婪的人，你究竟消费多少算够呢？

这些消费者阶层食用肉制品和加工过的袋装食品，饮用装在用不可降解材料制成的容器中的软饮料或饮品；他们大部分时间待在装有空调的建筑中，这些建筑配备着冰箱、洗衣机、烘干机、充足的热水、洗碗机、微波炉和许许多多的电力驱动设备；他们乘私人汽车或飞机旅行，使用大量短暂的、一次性物品，他们所用的商品包装过度、不易维修且迅速废弃，他们的时尚易变、用过即扔……

消费者社会为消费者提供的像汽车、一次性物品、过度包装、高脂饮食以及空调等物品，所依赖的是大量的、源源不断的能源输入。以美国为例，它以占世界6%的人口，消费掉世界1/3的资源。一个美国人一生消耗的物资是一个印度人的60倍，使用的汽油量超过一个卢旺达公民的1 000倍，2亿多美国人利用的能量相当于发展中国家20亿人口的使用量。拥有全球1/4人口的工业化国家，消费着地球上40%~86%的各种自然资源……他们不仅消耗了大量的资源，而且产生了大量的垃圾和污染物。食品和饮料的加工、包装、运输和储藏全部是以加重地球负担的方式完成的，工业化国家排放出大量的二氧化硫、二氧化碳和其他工业废弃物，产生了严重的空气污染、酸雨、温室气体、水污染、有毒废物，等等，扼杀了自己的生存基础……[2]

---

① 阿兰·杜宁．多少算够[M]．长春：吉林人民出版社，1997：10-11．这个划分是非常粗略的，因为即使是主要的发达国家在能源消耗方面的差异也是很大的。

② 阿兰·杜宁．多少算够[M]．长春：吉林人民出版社，1997：28-31．

第一节　有限的用处，无尽的损害

为满足消费者社会不断膨胀的消费需求消耗了大量的资源和能源，但其某些需求用处非常有限。例如，过去，把小孩从小养到大只需要准备一些尿布、简单的布料，以及一些简单的自制玩具，就能让小孩玩得不亦乐乎。然而，今天我们养育小孩却需要购买不同的用品和很多的玩具，并且似乎每一样都不可或缺。如数量庞大的纸尿布及配方奶粉等，不同时期使用的婴儿浴盆，帮宝宝包尿布的机器，把婴儿湿纸巾加热、不让小屁屁受凉的机器，坐进去会摇动有音乐的椅子，不同阶段的车载婴儿座椅，可以在车上玩的玩具组合，专门的浴室玩具，能在雪地上使用的婴儿车，以及与电视机连线的婴儿监视器——这些还只是其在6个月大之前要准备的东西! 这些物品往往只有有限的用处，但却使生活变得非常复杂。富裕阶层的家庭因其对物品具有购买能力，加之商品功能的特化和销售策略使然，一般都拥有很多物品。这些物品不仅占据了其生活的空间，使其生活空间变得越来越狭小，同时也越来越零乱，管理和整理这些物品变成了一项繁重的劳动，也使人变成物的奴隶。同时这些有限功能的商品也消耗了大量的能源和资源，并产生了大量的垃圾和污染物。

第二节　抑制不住的冲动——消费欲望

从经济学的角度看，消费是社会生产总过程中的一个内生环节，表现为消费者与消费对象之间的物质交换过程。同时也是在一定的社会经济条件下，在一定的人与人的经济关系中，“同物结合、并且作为物出现”的动态过程。因此，这种行为是同人们对物的欲望相联系的。

与欲望密切相关的另一个概念是需求。分析和批判消费者社会带来的种种危机，在众多消费者与消费对象之间的不断相互作用而产生出来的层出不穷、扑朔迷离的消费需求中，人们必须面对的一个重要问题是：人的真正需求是什么?

人类的生命活动就是人与外部世界不断进行物质和能量交换的过程。人类生命要延续，就必须不断地从外部世界补充各种能量，补充生命能量的需要构成了人类最原始的需求。生存观念的逻辑延伸，就是需求观念，生存所需要的一切，就构成了需求的内涵。

自亚里士多德以来，人们就对所谓的“需求”做过许多探讨。早在2 300年前，亚里士多德就曾写道："人类的贪婪是不能满足的。"公元前1世纪，罗马哲学家卢克莱修认为，人类的需求加重了人类生活中痛苦的、华而不实的东西。[①] 英国的经济学家E·F·舒马赫也曾说过："人的需要无穷尽，而无穷尽只能在精神王国里实现，在物质王国里永远不能实现。"[②]

一般认为需求可以分为两种：需要和欲求。前者是基本的，应予以满足，否则个人就不能成为完全的社会公民；后者则不然，它是标明个人的社会地位、体现其优越感的东西。用凯恩斯的话说，前一种"是人们在任何情况下都会感到必不可少的绝对需要"，后一种则是相对的，"能使我们超过他人，感到优越，……并且很可能是无止境的"。

有关需求研究最著名的理论是美国心理学家马斯洛（A. N. Maslow）提出的"需要层次理论"（Need Hierarchy Theory），该理论较为系统而充分地解释了人的需要及其丰富性。马斯洛将人的需要分为5个层次，由低到高依次是：生理需要、安全需要、社交需要、受尊重的需要和自我实现的需要。这一理论包含了从生理、心理到道德理想等多个层面的内容，对需求规律的研究具有极高的参考价值。马斯洛的理论向人们昭示：需求的动态变化不是杂乱无章的而是渐进有序的，是从低层次向高层次发展的。[③] 半个世纪以来，这个理论流传甚广，不仅在心理学研究中被广为应用，而且在消费者行为学研究中也被广泛使用，国内外许多消费心理学家都借此来揭示消费需求的基本规律。

欲望是人类生活中的一种普遍现象，如何对待人类的欲求，这一问题历来是思想家们所讨论的重要问题，并由此形成了对待欲望的禁欲、节欲和纵欲3种不同的立场。从西方的情况看，早在古希腊时期，这3种立场就已出现。持禁欲观点的代表是犬儒学派和斯多葛学派；持节欲观点的代表是伊壁鸠鲁学派；持纵欲观点的是昔勒尼学派。伊壁鸠鲁学派在西方哲学史上第一次提出了"知足乃一种大善"的命题，主张过一种简朴的生活，规劝人们把欲求保持在自然的限度之内。

从中国的情况看，作为传统文化主流的儒家，尽管由于封建礼教的束缚难免有些禁欲主义因素，但其基本精神却不是禁欲主义而是反对纵欲、主张节欲，并把探求人类表达自我欲求的方式和满足自我欲求的手段的合理性当作其基本任务。儒

---

① Goldian Vanden Broecked，*Less Is More: The Art of Voluntary Poverty*，New York: Harper & Row，1978.

② E·F·舒马赫. 小是美好的[M]. 北京：译林出版社，2007.

③ 马斯洛. 动机与人格[M]. 北京：华夏出版社，1987：40-68. 英文原书出版于1954年。

孔子

家的始祖孔子主张节欲，主张用仁、义、礼等去节欲。在孔子看来，仁、义、礼等从根本上并不和人欲相对立，人们只是应当把自己的欲求保持在仁、义、礼等允许的范围之内。当然，要做到这一点是相当不易的。孔子说他自己到了70岁以后，方才做到“从心所欲，不逾矩”的境界。这种“从心所欲，不逾矩”的境界是历代儒家所推崇与企望的理想境界。孟子同样认为，人的欲求受规范约束，应当以一定的标准取舍。孟子说：“生，我所欲也；义，亦我所欲也。二者不可得兼，舍生而取义者也。”因此，他遵循这么一条原则，既不去做那些自己不应当做的事，也不去追求那些自己不应当追求的东西。孟子认为，太多的物质需求甚至会妨碍人的道德修养，因而提倡“寡欲”。

在先秦时期的儒家中，荀子提出的节欲理论最为详细。例如，他在分析“礼”的起源时曾说，人生下来就有各种欲求，欲求得不到满足，就不能没有追求。人们对欲求如果没有一定的限度，那么就会发生争斗，争斗便会造成社会的混乱。古代的圣王为了防止因争斗而引发的社会混乱，创设“礼”制，从而使人们的欲求不至于因自然物质的不足得不到满足，也使自然物质不至于因人之欲求过度而用尽。使自然物质和人的欲求相互制约并协调，这便是“礼”制产生的原因。荀子告诉人们，人的欲求不应得不到基本的满足，但也不应让其放任自流，而应加以调控。基于此，荀子既不同意去欲、灭欲的禁欲说，也不同意寡欲说。他指出，欲并不是应不应有的问题，那种认为只有消除人欲才能治理好国家的理论，完全是由于其无法正确引导人欲所致，那种认为只有减少人欲才能治理好国家的理论，完全是由于无策调节人的欲求。如果人们的欲求是合理的，即便多些，

荀子

对于国家的治理又有何害？相反，如果人们的欲求是不合理的，即使再少，对于国家治理又有何益呢？同时荀子还指出，欲求虽然受之于人的自然本性，但在相当大的程度上要受到人的内心观念等多方面因素的制约。这样一来，现实中的欲求不再是单纯自然本性的欲求了。他举例说，人对于生的欲求是最迫切的，而对于死的厌恶是最强烈的，但是有人竟放弃生而选择死，这并不是说他不愿意生而愿意死，只是考虑到在某种情况下是不可以偷生而应当去死。因此，人的欲求不但是应当调控的，而且是可以调控的。更为可贵的是，荀子针对纵欲说还曾从经济的角度分析、阐明发礼节欲的必要性，批评了那些目光短浅，只图眼前，不顾以后，挥霍浪费物质生活资料的行为，在强调积极发展生产的同时，又强调克勤克俭过日子。

朱熹

儒家发展到宋明礼学，制造出天理与人欲的对立，并视人欲为恶，一味贬斥。例如理学的集大成者朱熹认为，在一个人的心里保存着天理，人的欲求就会消失；相反，人的欲求如果旺盛，那么天理就会消亡，二者势不两立，不可混杂一处。因此，他大声疾呼彻底铲除人欲，完全恢复天理。理学过分夸大了人欲的可恶，过分强调了对人欲的压抑，表现出强烈的禁欲主义倾向。

消费主义经济学对消费的理解实际上来源于对消费需求的认识论观念：消费能力并不是生理上的自然天赋，而是在消费实践的过程中、在消费者与消费对象之间的物质变换过程中发展起来的。经济学家意识到：消费对象越丰富，消费实践越发展，消费者与消费对象之间的物质变换越发展，消费者的消费能力也就越高。

随着人类的逐步进化、生活的日渐丰富和知识的不断增长，需求观念的内涵越来越丰富，层次也越来越高。当一种需求得到满足之后，另一种需求就相继出现，消费者就会被新的消费目标所吸引，而已经满足的需求往往就会失去了对其行为的刺激力和约束力。也就是说，人的欲望和需求是一个不断发展的变量，从来就没有一个确定的标准，正如丹尼尔·贝尔所说，即便是基本需要，也是随着历史变迁和社会发展而不断变化的。一般来说，在经济不发达国家，比较注重吃、穿、用、住等生理方面的需求，随着社会生产力的不断提高，人们逐渐从重视基本生活需要转向重视社会性需求和精神性需求，因此如何区分合理的需求和非合理的需求、正当的需求或非正当的需求就变得十分重要。

另外，需求满足的方式是多种多样的，特别是生物学意义上的基本需要之外的需求，其内容、强度以及满足方式都不像基本需要那样有其自然的或生理方面的绝对性与必要性，它包含着多种潜在的满足方式。人类生产或社会生活往往可以用几种特定的产品或服务将需求引导到某一方向上。以交通为例，存在着自行车、地铁、公共汽车、私人轿车等多种方式可以解决人们的交通问题。西方城市史和汽车史的研究者指出：贪婪的商人看准了没有第二种交通工具能像私人轿车一样帮他们赚钱，于是他们劝说并诱导政府与他们合谋，削弱公共交通事业，走向了发展私人轿车的歧途。从交通方式的选择可以看出，以消费主义为动力的消费品生产的动机不是考虑消费者利益或全社会的利益，而是为了生产者的利润。生产者不但为利润而制造消费品，而且同时也为利润而制造需求。大规模消费作为社会生产的动力，与资本追逐利润的需要密切相关。为了使大规模的生产有利可图，必须创造出大规模的社会需求。

在美国，被视为中产阶级生活方式所需要的基本条件已经发生了很大的变化，新建的房屋不仅仅要满足居住需要，而且要更加宽敞，诸如空调、第二台电视机、用途各异的冰箱、微波炉、摄像机、电脑、电话等都是生活必需品。富裕的消费者社会总是试图以低级的需求来满足高级的需求，以物质的需要来满足精神的需求，甚至是过分地刺激物质需求。它们大多是“虚假的需求”，是通过各种手段制造出来的。

第三节　难以抵挡的诱惑——广告、电视和商场

造成今天许多过度消费的原因之一，是那些无孔不入且威力无比的广告。它们所向披靡，不停地向千家万户做长期的“洗脑”和渗透，培育出持续不断的强劲的消费欲望。

不仅大众消费的出现要归功于技术革命，大众消费的扩展更得归功于技术革命。最初的运输和通信技术的革命奠定了全球性社会和文化的基础。早在19世纪后40年，与工业革命相关的铁路和轮船的发展，使得资本主义消费者和国家经济生活迅速变化：工业产量、劳动者数量、人口数量迅速增长，城市化比例急剧提高。在这一时期，资本主义国家的铁路网已经形成，货物、资本和劳动力可以在国际较自

由地流动，具备了全球性市场的可能性。通信技术的飞速发展更为大众传媒的传播创造了条件，20世纪初，美国的大众传媒顺应时代需要发展得非常迅速。早在1848年，纽约的6家报社就共同使用电报线，联合组成一个通讯社；1909年，美国又相继成立了另外两大通讯社，以这3家通讯社为中心组成的美国国内电报网实际通信能力已超过5万英里，美国进入大众传播时期。与此同时，全国性的邮电网络也开始建立，大众报纸杂志发行量日益增大，少数消费品制造者意识到这一机遇，开始给他们的产品加上商标，在发行量很大的杂志上做广告来兜售其产品。广告作为一种行之有效的推销手段诞生了。

广告作为大多数消费者最重要的信息来源，作为联系生产者和消费者之间的桥梁，首先是经济活动的一种工具。借助于大众传媒，生产者通过广告向消费者推销某种产品或某一特定品牌的产品，使消费者认为某种商品值得购买，从而作出购买该商品的选择。正如某些广告商所言，广告的艺术就是要完美包装，让消费者产生购买欲望。消费者社会的大众传媒被销售广告的甜言蜜语所支配。据《商业周刊》（*Business Week*）报道，每天大约有3 000条信息轰击着消费者阶层的普通成员。据统计，在美国，一个16岁的青年平均被30多万条电视商品广告冲击过。广告被贴在柱子上，悬挂在节日的彩旗上，托在飞机的尾翼上，编排进故事片的情节中，印在职业运动员的运动衣上，粘贴在广告牌上或体育场馆里，通过卫星被数千家电视台

每天大约有3 000条信息轰击着消费者阶层的普通成员

传播到地球的每一个角落。[①]

在传播商业信息的同时，广告也是文化活动的一种工具。它在把商品的物理属性和它所包含的象征意义或文化价值整合在一起，把某种象征意义和文化价值赋予商品，使其在传播商品信息的同时，也传播了它所承载的文化价值。广告最主要的生态威胁就是促进消费主义，使人们把欲望和精力都指向消费。每一个广告仿佛都在向人们宣告：生活的意义在于消费。消费主义浪潮利用现代科学与传媒技术以广告的形式席卷大地，并以其强劲的感染力，使得从西方到东方，从城市到乡村，从有钱有闲阶层到普通的工薪大众乃至失业群体，及至各个年龄群体甚至儿童，都被包容进来了。

作为经济和文化活动工具的广告，其最重要的作用就是制造需求。1957年，万思·帕卡德（Vance Parkard）出版了其颇有影响的著作《暗藏的说客》（*The Hidden Persuaders*），此书揭露了作为需求制造者的广告业，在人为地制造需求的同时，又掩饰了顾客没有真正选择机会的事实。美国老一辈的凯恩斯主义者A·H·汉森（Alvin Hansen）在其《20世纪60年代的经济问题》（*Economic Issues of the 1960's*）一书中指出："美国消费者的需求以及他们的评价标准都是现代广告的强有力影响造成的。我们生产资源的很大一部分都浪费在人为地创造出来的需要上。……我们不是生产优质的、随着时间的推移而越来越受重视的产品，而是生产一些我们自己不久也会厌弃的东西——瞬息万变的社会标准很快就会使其过时。过去从来没有像现在这样把大量的生产资源都浪费在本身没有价值的东西上。"[②]著名的生态马克思主义者威廉·莱斯（William Leiss）（1983）在其对加拿大文论的研究中注意到在最近几十年中，尤其以电视为标志，推广新产品信息的文论，已不紧不慢地融入了人们关于生活方式的想象，伴随着文论中出现了较为弥散的、模糊的对生活方式的想象。多种多样的信息被解读，它们以现代主义的甚或是后现代主义的方式对读者既教育，又奉承，潜移默化中培养了人们的个性、价值取向和审美观念，进而塑造人们的生活方式，影响人们生活消费的选择。

广告的一个重要的载体是商业电视，电视不仅传播了商业信息，而且还强化了消费主义的价值观。随着全世界越来越多的家庭拥有电视机，各种商品广告也日益深入人心；随着观看电视时间的增多，消费主义价值观得以迅速普及。电视拉近了

---

① 阿兰·杜宁. 多少算够[M]. 长春：吉林人民出版社，1997：85-86.

② 凯福尔斯，等. 美国科学家谈近代科技[M]. 北京：科学普及出版社，1987.

生产者与消费者的时空距离，使得新的消费需求在不知不觉中被制造出来。一项研究表明，一周中每看一个小时电视节目，一年的开销大约会增加208美元。商业电视通过把消费主义生活方式作为一种模仿的榜样来描绘，促进了对更多商品无止境的追求和渴望，并且在刺激购买欲望上对许多地方、绝大多数人都有效。除了极少数情况外，现在电视节目中的人物往往被描绘为过着现实中难以企及的奢华生活。情景剧中的家庭通常拥有价值百万的豪宅、光鲜靓丽的衣着、富裕而浪漫的生活。研究表明，人们看电视越多，就越可能对平均的生活水平作出过高的估计。[①] 人们不再与左邻右舍攀比，而是瞄准了电视上光鲜的参照群体。尽管也有人认为，促使人们过度消费的主要原因并非广告片，甚至对广告有一种抵触情绪，真正促使人们过度消费的是电视节目。在消费者社会中，广告的炮弹是如此密集，以至于人们实际上没能记住几个广告，然而通过电视播放的广告节目即使不能卖出其产品，但通过反复说教存在某种解决生活问题的产品，甚至某种令人幸福和圆满的存在物的办法兜售了消费主义生活方式本身。

在消费者社会，作为消费主义象征的商品，给人满足的已不是自然状态或匮乏条件下的基本需要，而是欲求，是对商品的无止境占有欲；“需要”的定义不是来自于人们的真正需要和社会的普遍利益，而是根据过剩的生产能力亦即为进一步扩大利润的生产需要来确定的。正如马尔库塞（Herbert Marcuse）所说：“超出生物学水平的人类需求的强度、满足乃至特性……是否被当作一种需要，取决于占统治地位的社会制度和利益是否认为它是值得向往的和必要的。……” 马尔库塞认为这种需要实际上是一种“虚假的需要”。[②]

消费者社会决定消费者欲望需求的也已经不再是经济领域里的因素，而是由文化或意识形态的内容所控制。特定的欲望是在特定的社会文化中创造和习得的，“新需要”本身不仅体现着物质生产方式以及这一领域中的人际关系，而且还凝聚着文化心理因素，商品的消费过程实际上变成了灌输与操纵的过程。消费主义文化不但创造出这类欲望，同时也将这类欲望道德化和制度化——“消费促进经济增长和社会发展”“无力消费市场上出售的商品就是贫穷”等观念已成为许多人心目中不可动摇的信条。

---

① 朱丽叶·B·朔尔．超支消费的美国人：高消费阶层、低消费阶层和新一代消费者[J]．美国《交流》．参考消息．1999年4月9日．

② H·马尔库塞．单向度的人——发达工业社会意识形态研究[M]．张峰，等，译．重庆：重庆出版社，1988：8．

除了广告和商业电视之外，公共空间的商业化是制造需求的另一动力。公共空间的商业化是一个渐进的过程。18世纪，诸如酒精、烟草、咖啡或糖之类的在当时看来是一种奢侈品的东西，给商业化以强烈的刺激，加之由交通运输提供的可能性的促进，食品被成功地商业化，商品交易日益活跃起来，并使得商品的销售方式也随之发生变化。19世纪60年代，人们将服装、女性饰品、副食品和其他的生活必需品放在一起，采用百货商店式的销售方式，诱惑人们去花更多钱。紧接着，大约在19世纪中后期，连锁店式销售方式也开始出现并缓慢增长。到了20世纪20年代，连锁店繁荣起来了。如1920—1927年的7年时间里，美国的连锁店以前所未有的速度增长，使得连锁店的营业额平均翻了3番。[1] 20世纪30年代，超级市场式销售方式也为美国公众所接受。四五十年代，它们已经成为美国最重要的食品销售渠道并扩展到大多数欧洲国家。销售方式的变化，使得商品的获取越来越方便，商品的刺激越来越集中和直接，商品的购买也越来越自然和合理。

目前，一种较新的销售方式是购物商城（Shopping mall）。购物商城为了突出自己，绞尽脑汁招徕顾客。如将种类繁多的商品集结在一起，提供足够可供选择的打折商品，将购物场所设计为集餐饮、娱乐、休闲、健身为一体的综合性场所，等等。例如1992年在明尼苏达布卢明顿（Bloomington）开业的美国购物城（The Mall of America），除了4个百货商店和400个专卖店以外，这一购物城还为顾客提供了1个3公顷的公园、1个水族馆、1个小型的高尔夫球场、无数的电影院和餐馆，还有大约1.3万个停车位。[2]

世界上最大的shopping mall——迪拜mall

这些购物场所的设计者们设计和仿效

① Lizabeth Cohen. the Class Experience of Mass Consumption，Workers as Consumers in Interwar America.

② 阿兰·杜宁. 多少算够[M]. 长春：吉林人民出版社，1997：96.

群体行为的情境，用购物场所取代了许多公共空间的功能，使其包括社交和娱乐。这些购物场所把自己装扮成一个安宁、繁荣和整洁的地方，使置身于其中的顾客有一种归属感，使消费者变得陶醉和迷惑，从而巧妙地把人们的重心从存在转向购买。在许多地方，对很多人来说，购物变成了人们首要的文化活动，商业中心变成了公众生活的中心，消费成了人们自我定位的标准和主要的娱乐手段。然而，购物场所并不是一个社会，只是一个精心设计的、促进购买的商业事业。它人为地把人们从自然环境中、从一天的时间中、从社会交往中，以及从天气的变化中隔离出来。它忽视那些不能和消费者阶层同样消费的人，鼓励一种不关心无名者的态度，增强了人们对商品消费的依赖，而不是把人际关系建立在对家人、邻里和社交场所的依恋上。

虽然没有哪个国家在购物城建设方面能比得上美国，但商业中心正在许多国家迅速蔓延。西班牙的商业中心在近几年内成倍增加；英国商业中心的面积在1986—1990年之间猛增了10倍；意大利尽管有着强大的社区零售传统，但也放松了对购物城发展的控制；即便是在酷爱新鲜食品的法国，微波炉和购物中心也在挤掉面包店、牛奶房以及农贸市场；甚至一直强烈反对购物城的日本，迫于美国的压力，传统的蔬菜摊和鱼铺也开始让位于超级市场；相应地，用聚苯乙烯和塑料薄膜取代了用纸制材料包装鱼产品，来自美国的大零售商已经开始在日本营业，并在日本建造数百个大商店和许多购物城。[①]中国的商业中心建设更是如雨后春笋般成长起来。

与购物中心交相辉映的还有迅速拓展的网上购物。近几年，中国的网络购物急剧扩张。据统计，2006年中国网购总额只有258亿元人民币， 2011年则达到7 800多亿元人民币，增长了29倍。从过去的占整个社会商品零售总额的0.34%到2012年的4.32%。2012年双11[②]，作为中国网购狂欢节，作为中国互联网最大规模的商业活动，更是创造了淘宝总销售额191亿的奇迹。

全球零售技术也在向第三世界迅速扩展，使得第三世界城市的零售业发生了很大的变化。如小零售店数目下降、采用自选方式销售、大型百货商店业务的拓展、更加独立的零售批发贸易、越来越重视操作效率、互联网商业的巨大成功，等等。这些变化一方面是由日益上涨的竞争所致，同时也反过来导致了竞争的日益上涨，许多跨国公司都卷入到第三世界大众零售业的竞争之中。即便是对贫穷的、无购买

---

① 阿兰·杜宁．多少算够[M]．长春：吉林人民出版社，1997：98-99.

② “双11”即指每年11月11日，被人们称为光棍节。淘宝网于2009年首次提出双11大促销，到现在发展成为网购狂欢节，电商一般会利用这一天来进行大规模的打折促销活动。

能力的城乡居民来说，他们也能通过购物商城厨窗中琳琅满目的商品、互联网上多种多样的选择感受到商品的强烈刺激。近些年来，除了一些最贫穷国家的城市外，这种购物商城激增。销售方式的变革或者说零售业革命在很大程度上使消费主义的影响深入人心。

在消费者社会中，疯狂购物似乎成为一种通病。很多人误以为“购物狂”是近年来新生的概念，事实上，这个词最早是用来描述那些购物上瘾而不能自控的精神症候的。早在1915年前后，德国精神病学家埃米尔·克雷佩林（Emil Kraepelin）就在教科书上描述了这种病症，并给它取名为“Onimomania”（购物狂），这个词自诞生之后很快传播开来，如今越用越广。《美国精神病学期刊》（*Open Journal of Psychiatry*）曾发布一项研究报告称，在美国，经常昼伏夜出疯狂网购的购物狂可能多达1 000多万，他们经常“不由自主”地买一些自己不需要或者买不起的东西，使自己的工作、家庭以及心理健康遭遇重重危机，而这其中以女性居多。但也不要以为购物狂只是女人的专利，男人成为购物狂的可能性几乎和女人一样高，并且调查显示美国大多数购物狂的年薪通常都不到5万美元。她们购物上瘾就像酗酒或赌博成瘾一样，经常无法控制地购买一些并不实用或价格不菲的物品，陷自己于困厄之境。这种境况十分普遍，有些人甚至需要以抗抑郁药物来改善自己的行为，专家们甚至要将其列为一种精神疾病。

第四节　我们消费得越多，生活越复杂

事实上，虽然想要更富有、拥有更多东西的欲望在刚开始是一件好事，最初也的确给人们带来了一定的快乐和满足，但这种满足却不能持久，甚至愿望一经满足就不再让人们感到快乐。在丰裕的社会里，我们需要的不应是更多的物质，因为更多的物质只会使我们的生活更为复杂和沉重。我们需要的是一种简单而快乐的生活，而不是物品的奴隶和消费的附庸！

一个有趣但引人深思的事件发生在1947年3月，美国纽约警方怀疑一对名为科利尔的兄弟被人谋杀在自己的别墅里，但警方最终证明兄弟俩是死在自己手中。兄弟俩都是典型的囤积症患者：警方在兄弟俩三层的别墅里挖出了84吨垃圾后方才找到他们的尸体。这些垃圾包括报纸、杂志、罐头盒、书，等等。其中，弟弟兰利是因为给瘫痪的哥哥送食品时被屋里堆积如山的杂物死死卡在其中窒息而亡，瘫痪的哥霍默则因为没人送食品而被活活饿死。如今，科利尔兄弟的别墅所在地改建

成了“科利尔兄弟公园”，成为美国父母教育孩子的地方：“快收拾屋子，要不你就成科利尔兄弟了。”直到现在，纽约市消防队员仍对“科利尔房屋”津津乐道，纽约市房屋出租法将公寓里乱堆乱放且不注意保持房屋清洁的房客称为“科利尔房客”。尽管如此，在纽约以及许多城市，“科利尔房客”的行为都已经成为不可小觑的社会问题。消费者社会生产了大量的物品，同时产生了无数的垃圾，人类面临着无处堆放物品甚至威胁人类生存的境地！

囤积是种病

第五节 消费主义瘟疫

建立在机器大工业基础上，以鲜明的重视物质消费的物质主义而不是以珍惜物质的物质主义为特征的消费主义文化，具有强烈的示范作用。著名生态学家H·T·奥德姆（H.T.Odum）认为从大跨度的时空范围出发来研究人类的社会进程，可以看到当今世界人类文明的消费是超过生产的。当前人类社会的消费——特别是发达国家和地区的消费，犹如久贮的干草被点燃了一样惊人，又像传染病一样可怕。[①] 消费者社会的诱惑是强有力的，甚至是不可抗拒的。在其示范之下，传统的、单一的、民族化的消费方式迅速瓦解，转变为现代化、多样化和世界化的消费方式，由美国人制造出来的消费主义生活方式正被世界范围内所有有财力的人争相效仿。其中最重要的推力就是跨国公司的全球战略。

跨国公司是刺激消费主义的一个重要角色。可乐大战提供了跨国公司如何在第三世界创造消费主义的生动例子。20世纪以来，作为市场先锋的可口可乐公司，在美国本土以外积极活动。1986年第5期《饮料世界》（*Beverage World*）杂志上发表了一篇庆祝该产品100周年并冠以《世界大使》标题的文章，描述了这家工厂是如

---

①H·T·欧登．能量、环境与经济——系统分析引导[M]．北京：东方出版社，1992：228.

何看待其产品的。实际上，自从1900年起可乐就开始国际化了，到了1929年，它已在28个国家操纵64个饮料厂。这篇文章回顾了可口可乐公司的外交技巧和它如何成为美国生活方式象征这一非同寻常角色的过程，追溯了可乐是如何在印巴战争中通过将其工厂变成献血站而保留下来，以及它如何在阿拉伯反犹太人组织的联合抵制下生存下来，如何在将苏联市场丢给百事可乐公司之后又将其恢复。[①] 另一家商业杂志——《广告周刊》（*Adweek*），用整整2页的篇幅描述拿破仑、希特勒、列宁和一个可口可乐瓶，标题是“唯一一位发动了一场征服世界战争的将军”，以此来赞誉可口可乐在全球市场上的统治性地位。[②]

在竞争的压力下，特别是来自于其强大的竞争对手百事可乐公司的压力，可口可乐公司和它的竞争对手采用了一个更加公开的全球策略，树立了一个更为具体的市场目标——第三世界。据统计，在20世纪80年代初期，可口可乐的产品在美国本土以外的销量就超过了其在美国本土的销量，占其总销量的80%，并仍将其增长的潜力集中于其他第一世界和第三世界，而不是扩展在美国国内的消费量。[③] 可口可乐公司最大的挑战在于说服其他地方的消费者发展相同的习惯。正如一位工业分析家所说：

可口可乐——唯一一位发动了一场征服世界战争的将军

> 因为国际软饮料市场仍处于婴儿期，可口可乐和百事可乐的成功有助于扩展全球市场。在一定程度上，他们成功的关键在于他们改变了国外消费者对软饮料的看

① Leslie Sklair，*Sociology of the Global System*，Harvester Whestsheaf，1991：162.
② 阿兰·杜宁. 多少算够[M]. 长春：吉林人民出版社，1997：46.
③ Leslie Sklair，*Sociology of the Global System*，Harvester Whestsheaf，1991：163-164.

法……作为一个发展策略，可乐瞄准了日益增多的年轻消费者，力图形成他（她）们的饮用习惯，使其消费越来越多的软饮料而不是变换饮料的种类。

现在，软饮料的消费量已经超过了水、咖啡、啤酒和牛奶。可口可乐公司和百事公司承认他们的确能够制造出对这种没有营养价值产品的新需求，他们也承认其推销的不仅仅是软饮料，而且是一种生活方式，一种美国式的生活方式。一家可乐分公司的经理简明扼要地道出了这一点：

在第三世界我们的重点在于向消费者强化我们是一家美国的软饮料公司，我们拥有消费者一直在寻觅但没能发现的质量……扩大人均消费有着巨大的潜力……通过使他们按照同美国一样的方式来影响他们的生活方式。①

可乐大战说明了跨国公司持续运作的目的是为了在第三世界制造新的消费需求，精确地说是诱导欲求（induced want）。跨国公司在利润的驱使下，不断在全球范围内鼓吹消费主义。他们在第三世界积极游说，直接参与第三世界国家的广告制作；他们占据了越来越多的广播、电视和印刷品，日益控制了人们的物质和文化生活；凭借商品的巨大诱惑，通过花样翻新的广告和软广告刺激人们的欲求，鼓励追求无止境的物质占有。跨国公司的实践不仅仅是在第三世界制造商品化的涨落，更重要的是向第三世界渗透和传播消费主义的生活方式，并借此在第三世界获得巨额利润。

由此可见，消费主义生活方式对人们的影响，首先是发生在物质层面，进而深入到观念和行为之中。但无论是在物质层面，还是在观念和行为层面，其对人们的影响都是感性而深刻的，一旦接受就难以摆脱。正如马克思和恩格斯所指出的："资产阶级商品低廉的价格，是摧毁一切万里长城、征服野蛮人最顽强的仇外心理的重炮。它迫使一切民族——如果它们不想灭亡的话——采用资产阶级的生产方式"②。凭借物质商品的感性化特点，加之高度发达的信息传播手段、大众化销售技巧、大肆鼓吹的广告以及跨国公司的全球经营等手段使得消费主义在全球迅速蔓延。不仅所有发达国家中的绝大多数人都实行这种过度消费的生活方式，而且发展中国家的一些人，以及迅速发展国家中的许多人，都崇尚这种生活方式，并将其当

---

① Leslie Sklair，*Sociology of the Global System*，Harvester Whestsheaf，1991：165.
② 马克思恩格斯选集：第一卷[M]. 北京：人民出版社：255.

作美好生活的样本。消费主义作为一种主要起源于西方发达国家并正在向发展中国家扩散的价值观念和生活方式，呈现全球化的态势。

自从消费者社会在美国诞生以后，尽管其最典型的特征仍然保留在美国，但却以极快的速度向全球扩散。IBM世界贸易公司总裁曾经说过：为经商之目的，国家间的疆界并不比赤道更具有现实意义，它们只是方便种族、语言和文化实体的分界线，这些疆界并不能限制商业要求和消费取向。一旦管理者了解和承认这种世界经济，其市场计划眼光也就必然会扩展。20世纪60年代以来，消费者社会的核心已经从美国扩展到了日本、法国、德国和英国等国家。日本人疯狂的消费主义代表了一种典型的商品文化，正如日本的消费心理学家油谷遵在其《消费者主权时代》一书中指出，日本的产业社会导致了现代史上最璀璨的成就：今天的日本并不是因为几个残存的古典艺能运动，或以农业而获得国际知名度的；也不是因其作为政治领袖，或作为科学、艺术、思想的领导者而闻名于世的。他是以商品价值的创造者、产业社会的领导者而闻名于世。如此成功的产业社会为日本人带来了前所未有的高水平消费。油谷遵认为，这场新消费是新的消费者——年轻阶层以其对消费的敏感性来承担的，并且这种敏感性正在衍生下一个消费方式和消费水平。[①]

在俄罗斯，尽管曾经作为强硬派的共产主义者和民族主义者以愤怒、敌视、恐惧的态度对待西方，但俄罗斯的年轻人非常羡慕美国的经济成功，美国的大众文化和消费主义在俄罗斯颇有市场；被丘吉尔（Winston Churchill）称为“英国式的生活方式”（the British way of life）在20世纪90年代已经不复存在了，“英国式的生活方式”已经被消费主义的国际浪潮所吞没；在印度，通过数百万台电视机用几十种语言传播的商业信息，使得保守的、信仰朴素、有着节俭传统的印度人也正渐渐让位于一个思想自由、消费也同样自由的新一代；就连一向以保守著称的伊朗人也向西方文化和消费主义顶礼膜拜。另据香港《远东经济评论》载文指出：“长期以来以勤劳的道德观著称的亚洲，现在又多了一个讲求奢侈的名声。这使全世界的奢侈品制造商们不胜欢喜。”一向以勤俭著称的中国人在消费主义大潮的袭击下也在劫难逃，中国被认为是具有最佳零售机遇的国家；中国社会科学院的陈昕在其博士论文《中国社会日常生活中的消费主义》一文中指出：中国城乡社会正在出现消费主义的生活方式，消费主义已经开始在一些中国人当中盛行。消费主义的浪潮正悄无声息地从发达国家向发展中国家、从发达地区向欠发达地区、从中心城市向中小城市、从城镇向乡村、从高收入和高名望群体向普通大众迅速蔓延。以琳琅满目的

---

① 油谷遵．消费者主权时代[M]．台北：远流出版公司，1989：21．

商品为特征的消费主义以其鲜活状态几乎影响到每一个国家中的每一个人。在全球文化中，处于上升状态中的消费主义正以一种史无前例的规模向全球蔓延。特别是一些新富阶层其消费欲望日益膨胀，盲目效仿发达国家的不可持续消费方式，大有愈演愈烈之势。全球范围内蔓延的消费主义生活方式是人类日常生活中曾经经历过的最迅捷、最显著、也是最基本的变化。经过短短的几代，人们已经变成了轿车的驾驶者、电视的观看者、商业街的购物者和一次性物品的使用者，并以此作为较高生活质量的象征、人类文明的最高成就和人类社会进步的标志。消费文化在全球的扩展使其成为全球经济一体化的先行者，引领着全球经济一体化的进程。

第四章
消费主义的代价

消费者社会不可持续的消费方式消耗了大量的自然资源。每个美国人每天要消耗120磅的自然资源，这与他们的平均体重大致相当。这些资源分散地来自农场、森林、牧场和矿山，因为连锁生产遍布全球的缘故，消费者只能看到其中的一小部分，而这些生产及其造成的影响大部分是看不见的，它们分散地隐藏于穷乡僻壤、封闭的工业场所和遥远的国度。[①] 但恰恰是这些微小的、分散的，甚至不可见的生活消费却带来了环境影响的暴行。

第一节　富裕的代价

自工业革命以来，源自矿物以碳氢化合物形态出现的碳一直是滋养以西方模式发展的所有经济的最基本的元素。直至1879年爱迪生发明白炽灯之前，煤都是作为主要能量获取方式和动力能

① 向美国生活方式说再见．参考消息．1998.4.24(6)．原文出自美国《未来学家》1998年3月份的专刊。

源来使用的。后来，它又成为电气时代的基本燃料。从某种意义上说，一切都是从煤开始的。[①]煤和石油作为两种最重要的能源载体，在其合力作用下，解放了生产力并把人类的工业文明推向前进。

最近几十年来，从开采矿石得来的碳消耗与日俱增，特别是在发展中国家，由于经济增长和人口增加，将继续呈上升趋势。一些学者预言，在21世纪，我们将消耗5 000亿吨煤炭，这个数量超过自工业革命以来碳消费量的两倍以上。据估计，自20世纪初以来，我们从地下一共开采了1 000亿吨的石油，自20世纪90年代末到2100年，将要开采的石油数量为3 000亿吨。[②]

在美国《自然科学》（Natural Science）期刊上，英国剑桥大学绿化学院的诺尔曼·迈耶斯（Norman Myers）撰文写道：虽然富裕并非一定对环境不利，却改变了人们原本的生活方式，扩大了对自然资源的开采，间接加重了环境污染。英国科学家选取了20个国家的生活及环境条件为研究对象，这些国家的经济发展曾在过去的几年间有质的飞跃。研究结果表明，生活水平的提高使全球环境污染问题更加尖锐化，尤其是建筑的增加、人口的扩张、汽车数量的提高、饮食结构中肉类比重的加大。人类社会在走向富裕的过程中付出了相当沉重的环境代价。

一、奢侈的交通方式：汽车的广泛使用和飞机旅行

汽车和飞机的发明，大大加快了人们流动的速度。但随着汽车数目的增长和飞机旅行的增多，造成了具有破坏性的过度消费。目前，用于汽车的汽油消费量约占全球汽油消费量的1/3以上，在美国，汽车的汽油消费量约占全部汽油消费量的50%以上。20世纪后半叶，在公路交通高速增长和汽车数量增长的刺激下，工业化国家的汽车燃料消费急剧增长。其中，小汽车数目的增长是消费趋势增长的一个重要方向。但同飞机旅行相比，汽车对环境的危害显得温和多了。飞机比之轿车，每个乘客每千米要多使用40%的燃料；并且飞机旅行的到来并不是以损害轿车旅行为代价，而是以损害火车和公共汽车旅行为代价，这实际上是用能源最密集的长途旅行方式替代了能源最节约的长途旅行方式。[③]

---

① 一般认为煤是最经济的能源，但这只是就发现和开采来说是最便宜的；就使用而言，它也许是最昂贵的能源。燃煤比燃油或燃气释放的污染物多，比大部分可再生能源释放的污染物多得多。

② 苏伦·埃尔克曼．工业生态学——怎样实施超工业化社会的可持续发展[M]．北京：经济日报出版社，1999：94.

③ 阿兰·杜宁．多少算够[M]．长春：吉林人民出版社，1997：58.

除消耗大量的资源之外，汽车和飞机的使用还造成了大量的污染。据英国皇家污染控制委员会发表的通报指出："1994—1997年间，航空飞行造成的环境污染程度比过去增加了一倍。汽车排出的尾气是一个流动性强而又危害严重的污染源，它占大气污染的60%以上。随着各类燃油机动车的增加，其比重呈上升趋势，严重危害了人体健康并对有机物和无机物造成了损害。飞机虽然不会在人们呼吸的地球表层污染空气，但它们大量地污染了高空。飞机应对全球范围内由矿物燃料燃烧导致的3%的碳排放量负有责任，并且排放物也大大增加了其对全球变暖的责任"。英国皇家环境污染控制委员会主席、剑桥大学生物化学教授汤姆·布伦戴尔（Tom Blondell）爵士认为，航空业是导致气候变化增长速度最快的因素。如果对目前空中交通量的迅猛增长不加以控制，飞机排放物很可能成为全球变暖的主要因素之一。[①] 根据瑞典化学家罗伯特·埃利（Robert Egli）的研究，在飞机飞行的高度排放出的臭氧激起了两个危险的连锁反应：一个反应是在对流层产生了"有害的"臭氧，在这一层臭氧是潜在的温室气体；另一个反应是在平流层毁坏了"有益的"臭氧，这一层臭氧保护地球免受紫外线的辐射。飞机旅行，同私人轿车旅行一样，对资源的使用和对环境的污染是如此密集，以至于一个全世界都乘飞机旅行的未来是难以想象的。对全体地球公民来说，如果不破坏大气或不把大面积的土地变成公路，消费者社会的交通方式——私人汽车和飞机就绝无可能出现。

飞机旅行消耗了大量的能源，并产生了大量的污染。

仅以为期5天的达沃斯2008世界经济论坛年会为例，在论坛举办期间，苏黎世国际机场客机起降次数比往常多约900个架次，达沃斯上空每天至少20架次直升机穿梭。数百名代表将乘坐波音767之类的大型专机抵达苏黎世，然后转乘直升机、

① 北京青年报．绿色生活版．2003年1月7日．

豪华轿车、多功能运动型车或者官方提供的巴士前往达沃斯，甚至个别人物还将做专门的交通安排。繁忙的交通产生了巨量温室气体。据估计论坛预计产生总共6 800吨温室气体，相当于1 250辆轿车或900个家庭一年的温室气体排放量。①

二、过度包装

在消费者社会中，为了吸引消费者，商品通常有三四层包装，从超级市场带回家这段路程，也要使用纸袋或塑料袋，并且这种包装一般用过一次也就扔掉了。商品的过度包装，加重了生态系统和消费者的负担：在工业化国家，包装几乎占家庭垃圾的一半；包装工业在英国使用了5%的能源，在德国使用了40%的纸张，在美国使用了近1/4的塑料；另外，在美国，消费者对食品包装的开支一般达到甚至超过了农民的纯收入；并且许多包装纯粹是装饰性的，为此却要付出很大的环境代价，如将只能保存一个星期的西红柿和青椒装进能持续一个世纪的泡沫塑料盘中出售。

世界范围内日益高涨的包装消费，在饮料工业中表现得最为明显。尽管实际上工业化国家的自来水非常纯净且易得到，但自来水的饮用量仅占全部饮品量的1/4，美国人饮用的罐装饮料比来自水龙头的水还要多，如果饮料容器被重新灌装而不是扔掉，饮料消费并不会导致太大的环境影响。不存在本身对自然界特别危险的饮料，重要的是它们的包装方式。消费者阶层正以日益上涨的速度饮用啤酒、汽水、瓶装水及装在一次性容器中的饮品，为了盛装饮品每年制造和扔掉了至少2万亿个瓶子、罐头盒、塑料纸箱和塑料杯，这浪费了大量的物料和能源。

过度包装的月饼每年要消耗约5 000棵大树！

另外一些为了体现礼品功能的商品其包装也日异复杂。据统计，中国生产厂家每年用于月饼包装上的费用高达10亿~25亿元。② 多年前，月饼包装

① 北京青年报．2008年1月24日．B5．

② 北京青年报．2002年9月．

只是普通的食品包装袋或纸板盒。近些年来，月饼作为礼品的功能越来越突出。作为礼品，似乎没有精美的包装就卖不出去，因此月饼的包装设计越来越考究，不少厂家在包装上花样迭出。如仅仅几块月饼，却要装在一个很大的、多层的、包装精美的盒子中并套上一个大大的纸袋，有的还在月饼包装中加入茶叶、名酒、陶器、餐具、黄金以增加月饼的"价值"。过多包装和奢侈包装实际上已经背离了月饼消费的初衷，并且这种"过度包装"会带来较大的环境影响。据统计，仅上海市就每年生产月饼1 000余万盒，这些月饼包装要消耗400~600棵胸径10厘米的树木。如果从全国来说，一个中秋节吃掉的树林至少是这个数字的10倍以上。

三、冷藏食品

尽管冷藏食品给人们带来了巨大的方便，但也的确增加了能源消耗，加重了地球的生态负担。冷冻食品通常比其新鲜状态需要多耗费10多倍的能量。为了方便和省力，消费者阶层正朝着用冷冻食品代替新鲜食品的方向发展。[①] 1960年，美国人食用的马铃薯中92%是新鲜的，但到了80年代，美国人食用的冷冻马铃薯（薯条），几乎和新鲜的一样多，西欧冷冻食品的人均销量也增加了一倍。冷冻和冷藏食品也成为发展中国家电力消费增长最快的一项支出。

四、远距离运输

富裕饮食因其对远距离运输的依赖，也开列出一张生态账单。因为传统多样化的小农场让位于单一作物的大农场，也因为运输价格相对于消费者收入的下降，食品运送到市场移动了比以往任何时候都长的里程。一般的美国食品从农田到餐桌平均要运行2 000千米；供应加利福尼亚的40%的新鲜食品均是以高能量消耗为代价的远距离运输品，从加利福尼亚用货车运送一棵莴苣到纽约消耗的能量是种植一棵莴苣所消耗能量的3倍。

即使是美国人的饮用水也正在移动越来越长的距离。美国每年都要购买上万升的进口水。20世纪80年代，享有非凡商业成功的毕雷尔（Perrier）矿泉水将其产品用船只漂洋过海运给消费者社会的成员饮用，但实际上消费者社会的水非常纯净且易得到。[②]

---

① 冷冻食品的增多可能也与妇女就业机会的增多，而男人一般又不承担家务有关。

② 阿兰·杜宁．多少算够[M]．长春：吉林人民出版社，1997：48．

零售食品的运输距离也发生了很大的变化。在大商店里，各种类型的集中购物增加了运输的距离。1969年，美国人的驾驶里程中只有2%用于购物，而到了1983年底，这一数字已上升到13%。虽然在许多地方，街头副食店、面包坊仍占据很重要的地位，但现在这些小超市正让位于所谓的大超市。20世纪80年代，美国超市数量减少了1/10，但平均占地面积却扩大了一倍，平均库存量也翻了一番。[①]

消费者阶层的供给线遍布全球。北欧人吃着从希腊运来的莴苣；日本人成吨地食用着澳大利亚的鸵鸟肉和空运来的美国樱桃；美国人食用葡萄的1/4来自于7 000千米以外；智利人饮用的橘汁一半来自巴西；欧洲人从遥远的澳大利亚和新西兰进口水果；甚至装饰消费者阶层餐桌的花卉也来自遥远的地方；欧洲人冬季供应的新鲜物品是从肯尼亚农场空运来的，美国人冬季的供应品是从哥伦比亚空运来的。[②]一项统计表明，全体英国人的圣诞晚餐在最终端上餐桌以前，所有原料的运输里程加起来相当于10次环球旅行。比如，冷冻火鸡是从8 560千米以外的巴西运来的，小胡萝卜则来自于9 062千米以外的南非，绿豆来自3 588千米以外的埃及，加拿大切达（cheddar）干酪来自5 630千米以外，金属箔和餐巾来自中国，如果打算喝一口朗姆酒，那么它来自6 437千米以外的波多黎各……这些商品的消费留下了一个长长的碳足迹[③]，假使所有人都依此消费的话，地球将无法承受其重。

五、高建筑能耗

由于急功近利的短期行为，许多建筑设计不是以人为本，而是以利为本，导致建筑能耗高、污染环境，极易损耗和贬值，过不了多少年就成了建筑垃圾。这在建筑业突飞猛进的中国表现得十分典型。目前我国推行住宅建筑的健康、舒适和环保标准仅相当于欧洲20世纪50年代的水平。品质低劣建筑的一个重要标志就是完全依赖采暖制冷设备维持室内舒适度。特别是一些外表光鲜的玻璃幕墙建筑更是散能大户。瑞典皇家工学院建筑系教授古尼·约翰纳松（Gudni Johannesson）是欧洲建筑业颇具知名度的专家，他考察了北京近些年的新建筑之后说："按北京的气候条件，所有的房子外层都该有10~15厘米厚的保温隔热层才合理，但这样做的几乎没有。"[④]瑞士苏黎世联邦高等工科大学建筑技术学院田原博士说："北京的建筑设

---

① 阿兰·杜宁．多少算够[M]．长春：吉林人民出版社，1997：48.
② 阿兰·杜宁．多少算够[M]．长春：吉林人民出版社，1997：49.
③ 2010/12/22．手机报.
④ 如果能源被用光，居住怎能舒适[N]．北京青年报，广厦时代C9版.

一些外表光鲜的玻璃幕墙建筑更是散能大户

计更多是做造型设计，没有对建筑节能进行优化设计。”①

伴随着居住条件的改善，建筑能耗正在以惊人的幅度增长。仅以北京为例，北京一年中需要采暖的期限已接近5个月，需要制冷的期限也达到4个月。据统计，目前我国建筑能耗已占到国民经济总能耗的27.6%，发达国家的建筑能耗也仅占国民经济总能耗的30%~40%。

夏季建筑普遍使用空调造成的城市“热岛效应”日益严重。在夏季的城市中，由于空调的广泛使用，加之铺筑路面和建筑所用材料的原因，散发出大量的热量，并且路面和建筑表面不反射日光却吸收大量的热量导致城市气温升高，加重了城市制冷的负担，也就意味着能量消耗的增大。②

伴随着能耗增长的是环境污染的加剧。有研究表明，北京地区采暖期与非采暖期相比，空气中总悬浮物高1.2倍，氮氧化物和一氧化碳高1.7倍，二氧化硫高1.6

---

① 在欧洲，给房子穿上一层“保暖服”已经非常普遍，这样的房子冬暖夏凉，利用采暖制冷的时间相当短，一年中大部分时间可维持在20~26摄氏度的人体舒适温度。穿不穿“保暖服”，能耗相差至少一半。在欧洲，高舒适度、低能耗的住宅的售价约比普遍住宅高出3%，但每年的运行费用却能节约60%。

② 在建筑中，特别是对屋顶来说，采用浅色材料夏天抵挡的太阳辐射要比冬天多，它能减少建筑物在夏季40%的制冷量。另一种改进就是在建筑物周围种些树木花草，枝繁叶茂的树木，夏季能阻挡阳光而冬天又不妨碍建筑物对日光的吸收，这两种方法都有利于减少“城市热岛”效应。

倍。[①]

近些年来，伴随着中国居民住房市场化浪潮，中国成为世界上每年新建建筑量最大的国家。但中国的建筑很短命，一般只能持续25~30年，设计寿命也只有50年。据资料显示，英国建筑的平均寿命达到132年，美国建筑的平均寿命达74年。如此短寿的建筑每年产生数以亿吨计的建筑垃圾，给中国带来了巨大的环境威胁。细究起来，中国建筑普遍短命所造成的社会危害，其实不只是产生大量垃圾，破坏环境，以及形成巨大的资源浪费，还可能是助推高房价的一个潜在诱因——为什么我们的楼市中总有那么多的“改善型住房需求”？原因之一就在于，现有住房是在“短命”规律的作用下，迅速破旧不堪，让人不得不寻求“改善”。倘若我们的建筑有更长的建筑周期，甚至是越来越升值，那么由建筑所导致的环境影响也会随之降低。

第二节　千疮百孔的地球

消费者社会不可持续的消费方式对人类的生存环境造成了巨大的损害。[②] 如人类对矿物燃料的消费是具有破坏性的环境输入品：从地球中开采出的煤、石油和天然气持久地破坏着无数动植物的栖息地，提炼它们产生了大量的有毒废物，燃烧它们释放出大量导致酸雨的硫化物、氮氧化物；化学工业创造了许多有害废物；生活消费产生了大量的垃圾和污染物……世界上绝大多数的有害化学废气都是由工业化国家的工厂生产出来的：燃料燃烧释放了导致酸雨的硫化物和氮氧化物总量的3/4、温室气体的70%，他们的原子工厂产生了世界放射性废料的96%以上，他们的空调机、烟雾辐射和工厂释放了几乎90%的破坏地球臭氧层的氟氯烃……[③]

需要特别指出的是作为主要温室气体的CO_2的排放。来自1992年国际气候论坛的调查报告告诉我们，远在我们消耗完不可再生资源之前，不断增加的CO_2排放量就会使地球大乱阵脚：每年排入的CO_2达210亿吨，并呈逐年上升趋势。另据夏威夷

---

① 如果能源被用光，居住怎能舒适[N]. 北京青年报，广厦时代C9版.

② 最近几年，由于发达国家的人们越来越关心环境，对环境的认识也越来越深刻。除了垃圾问题之外，许多环境问题（如城市烟雾、水污染和空气中的铅等）与二三十年前相比，已经变得不那么突出了。

③ 阿兰·杜宁. 多少算够[M]. 长春：吉林人民文学出版社，1997. 第四章，酸雨、危险化学品和氟氯昂的数据来自世界观察研究所的资料。

只有一个地球

昌纳罗亚火山的CO_2监测站30多年的监测，证明大气中CO_2的含量持续增加。自工业革命以来，增加了25%以上，增加量的一半发生在过去30年间。这同矿物燃料的使用有着密切的关系，生活中的供暖、使用家电设备和空调等，加大了矿物燃料的使用。如果不对CO_2的排放加以控制，地球变暖会使地球遭受灾难。政府间气候变化委员会（IPCC）早在1992年得出的结论是：仅将长期存在的各种温室气体稳定在现有水平，就需要“立即把人类活动产生的排放量减少60%以上”。[①]

为了维持消费者社会的高消费，人类付出了高昂的资源成本和环境代价。英国环境经济学教授D·皮尔斯（David Pearce）认为，真正濒临灭绝的不是原材料和能源，而是我们环境的承受能力，它已经由于原材料和能源的大量使用而受到破坏，臭氧损耗、全球变暖、海洋污染等都是例证。[②]

人们对于美好生活的期许正在转变成全球范围内要求提升生活品质的压力，崛起中的国家也染上了“进步狂躁症”，它们不愿放弃想象中那块可永远增大的馅饼，对消费品的需求已经遍及了全球。人类由穷变富的过程必然涉及对自然的开发和利用。在谈论由富裕所带来的污染问题时，我们不主张人们去忍受贫穷，而是希望人们在富裕的时候多替子孙后代着想，多替地球的长远发展着想，实际上也就是为我们自己着想。

---

① 美国政府实施了在政府与美国建筑业之间建立新型伙伴关系的计划，鼓励建筑行业与联邦、州及地方政府通力合作，使用更多节能型的建筑材料、家用设备和供暖、空调系统，加速节能技术在家庭中的使用。该计划主要是为了减少矿物燃料的使用，进而限制CO_2的排放量以防止全球气候变化。

② 张坤民. 可持续发展论[M]. 中国环境科学出版社，1997. 原文引自David Pearce, Sustainable consumption through economic instruments, Symposium: Sustainable Production and Consumption Pattern, Oslo, Norway, 1994.

幸运的是，一旦人们进入了消费者阶层，其环境影响的增长也趋缓，其消费兴趣逐渐转向高质量、低资源的物品和服务。普林斯顿大学的埃里克·拉森（Eric Larson）研究了化学制品、能源、金属和纸张在工业化国家和发展中国家的使用。他发现自从20世纪70年代中期以来，工业国家这些物品的人均消费，经过此前10年的增长已趋于平稳。拉森把这些变化归因于较高的能源价格，但其背后也存在着一种更为基本的转变。在消费者社会，像汽车、机械和水泥等的大生产市场已经饱和，消费者正将其额外收入花费在高技术产品和服务上，如从计算机、互联网到健康保险和健身娱乐等方面，这些消费较之前的消费品对环境的影响小得多。[①]

消费者阶层人均资源的使用达到平衡是一个代表希望的信号，然而这个平台是那样高不可攀以至于全世界的人们不破坏这个星球的环境和资源就很难达到。研究表明，当人们从中等收入阶层上升到消费者阶层时，他们对环境的影响也发生了跃迁。乔蒂·帕里克（Jyoti Parikh）及其同事在孟买的英吉拉·甘地发展研究所（the Indira Gandhi Institute of Development Research）使用联合国的数据比较了100多个国家的消费方式。按照人均生产总值排列，他们注意到随着收入增长，像谷物等较少生态危害产品的消费增长趋缓。相反，会造成许多生态危害的轿车、汽油、铁、钢、煤和电的购买和生产却成倍地迅速增加。[②]这并不是因为他们消费的同种东西太多而是因为他们消费着不同种东西。大多数中等收入阶层，把有限的预算大部分花在了基本的食品和服装上，产生出的东西相对于地球环境并没有什么损害；而消费者阶层把大部分的预算都花在了住房、电力、燃料和交通上，这全都对环境有较大危害。供养我们这个社会的生态系统已经被严重破坏，我们的全球经济对全球生物圈来说已变得太大。如果全世界的人们同消费者阶层一样增加对二氧化碳的消费，全球温室气体的排量将增加3倍。如果世界上每一个人都使用和消费者阶层一样多的金属、木材和纸张，矿业和伐木业不会是按照生态健康所需要的那样逐渐减

---

① 阿兰·杜宁．多少算够[M]．长春：吉林人民文学出版社，1997．（原文转引自Eric D. Larson, Trends in the Consumption of Energy—Intensive Basic Materials in Industrialized Countries and Implications for Developing Regions, paper for International Symposium on Environmentally Sound Energy Technologies and Their Transfer to Developing Countries and European Economies in Transition, Milan, Italy, October 21–25, 1991, Eric D. Larson et al., Beyond the Era of Materials, Scientific American, June 1986 Robert H. Williams et al. Materials Affluence, and Industrial Energy Use, In Annual Reviews, Inc. Annual Review of Energy, 1987, Vol. 12(Palo Alto, Calif.: 1987）

② 阿兰·杜宁．多少算够[M]．长春：吉林人民文学出版社，1997．原文引自Parikh "Unsustainable Consumption Patterns"。

少，而是将激增3倍以上。[1]因此，尽管消费主义极具魅力，发展中国家在其发展进程中也不应一味地模仿发达国家的消费主义生活方式，重复发达国家对资源和环境造成巨大危害的老路。

第三节 “新文明的纪念碑”和“撒满垃圾的荒原”

在以往时代，由于人口相对较少，生产力水平相对较低，人类生活所产生的废物量并不是很多，各种高毒性废物也不常见。在传统的农业社会，没有我们现代生活中的许多工业产品，没有现代化的包装，生活垃圾很少，更没有我们现在由于塑料袋使用所产生的“白色污染”，依靠大自然的自净化能力，很大程度上就能够吸纳这些垃圾，因此，垃圾问题并没有纳入人们的视线。

当富裕的工业社会到来时，人们依然沿袭着旧有的习惯，继续向大自然倾倒垃圾，以为自然界仍然会吸纳我们的垃圾，我们可以是不负责任的垃圾生产者，可以不计后果地随意废弃，也不必考虑如何处置它。但实际上，人们在消费某种物品时，那种物品根本不会消失，而是转变成两种非常不同的东西：一种是“有用的”，另一种就是剩下来被称之为“废物”的东西。并且有用的东西在人们用完之后或不想再用而丢弃时也变成了废物。随着人口的增长、消费规模的扩大，废物以难以置信的速度迅速增多。据统计，世界垃圾年均增长速度是8.32%，远高于经济的增速。1990年经济合作与发展组织国家（OECD）需要管理的固体废物为90亿吨，其中有4.2亿吨生活垃圾，15亿吨工业废物（其中有3亿吨以上是危险废物），其余70亿吨主要是生产能源的残余物以及来自农业生产、工业生产的废渣，这还不包括释放到水和空气中的悬浮颗粒。在发达国家，垃圾主要是食品废弃物、纸张、衣物、金属、玻璃、塑料制品、废旧汽车和家用电器等生活垃圾。在美国，平均每个公民每天丢弃5磅（1磅≈0.454千克）重的垃圾，每人每年丢弃大约1吨重的垃圾；日本的垃圾产量也十分巨大，仅东京每天就有5 000辆满载垃圾的汽车来往于东京湾，由于垃圾的大量倾入，东京湾畔堆成了一座面积达到33公顷的新岛屿。[2]近些年来，伴随着信息技术的飞速发展，产生了大量的电子垃圾，废弃电脑设备数目更是惊人。据美国《科学新闻周刊》报道，世界各地扔掉的废旧软盘叠加起来，每隔20秒就可以形成一座100层的“摩天大楼”。以至于有人不无嘲讽地说，新世纪

---

① 阿兰·杜宁. 多少算够[M]. 长春：吉林人民文学出版社，1997：55.

② 马宝建. 消费主义与可持续发展[D]. 北京：北京大学，1997.

新文明的纪念碑——垃圾场是人类制造的最大贝丘！

文明所建造的最大纪念碑不是伟大历史文明的遗迹，而是人类创造的垃圾，垃圾场是人类制造的最大贝丘[①]。用前美国副总统阿尔·戈尔的话讲，我们现在的世界成了一个“撒满垃圾的荒原”。

有害废物的处理更是一项难以应付的挑战。有害废物本身十分危险，在政治上也极为敏感。伴随着20世纪30年代以来的化学革命，人类生产和制造了太多的有毒废物。据保守估计，美国现在大约生产和城市固体废物同等数量的有害废物；如果把由于政治原因而被排除在外的有害废物也包括在内，数量还会增加一倍。即使不包括扩散到大气中的气体废物，每人每周还会制造重达1吨的工业固体废物。把所有这三类废物加在一起，即使按保守估计，每个美国人每天也要生产出相当于其体重2倍多的废物。[②]

第四节 人人都是排放者[③]

2010年圣诞节前夕，一种叫作“节日碳足迹”的新事物在美国时尚起来。旧金山的一家环保公司向顾客出售“碳补偿”。价格为5.95美元的电子圣诞卡的碳补偿价值是454千克二氧化碳。购买这些电贺卡的消费者，自动把资金注入该公司正在赞助的风力农场、垃圾填埋场和甲烷回收行动项目，这些项目有助于减少温室气体排放。这样的补偿可以给消费者们些许良心上的安慰，使他们对因自己狂欢而排放出的碳足迹少一点愧疚。

此种消费时尚表明，人们开始反思节日活动对环境造成的压力。《美国参考》

① 贝丘是考古学用语，指远古时代人类遗留下来的贝壳堆。

② 阿尔·戈尔．濒临失衡的地球[M]．北京：中央编译出版社，1997：121-122.

③ 包月阳．人人都是排放者[N]．北京青年报，每日评论版，2010年12月25日．有删改。

（USINFO）杂志刊登的一篇报道写道，为什么要把一棵棵生机勃勃的树砍下来，用闪光片和装饰物装饰起来，数周后就当成垃圾扔掉？为什么要在礼物和卡片上花费那么多的纸张？该报道援引了英国的一项研究：圣诞节期间的家庭活动，要产生额外的650千克二氧化碳。

节日碳足迹告诉我们一个常常被有意或无意忽略的事实：人人都是排放者！当我们在工作、生活甚至娱乐时，当我们在进行着各式各样的消费活动时，这些消费活动每日每时都在消耗资源并排放污染。每个人类个体的排放，乘以一个70亿的基数，其总量则相当恐怖！

中国政府的法规、政策，对个人排放是相当宽容的。经常可以看到小区里这家装修那家装修，门口堆放着小山样的装修垃圾，甚至有完好的洁具、家具等。中国人为什么对个人排放如此宽容？除了整个社会的环境意识较差、环境保护没有落到实处之外，还与这些年流行的一些经济增长理念有关。近些年来，“刺激消费”的呼声成了经济学者、政府官员的口头禅，与此相应出台了许多刺激消费的政策，甚至唯恐中国人不从腰包里掏钱。多种刺激消费政策的出台，加之商业文化的广泛渗透，在一定程度上颠覆了节俭的传统伦理，特别是对一些年轻人而言更是如此。在刺激消费和拉动GDP增长的借口下，赋予浪费以合法性，并冠之以“拉动内需”的美名。其影响不仅超越了个体生活消费领域，甚至还包括了一些基本设施和公共消费，因此人们也就经常听到或看到曾经著名的某某大楼被爆破，某某地方刚刚铺好没两年的路又要重铺，乃至横扫全国的大拆迁运动，都被冠之以 “拉动经济增长”。这些活动在创造若干GDP的同时，也把我们辛辛苦苦积攒下来的财富浪费掉了，同时又留下了大量难以处理的建筑垃圾，使我们无暇享受发展所带来的成果，只是不停地忙于建了拆拆了建！不停地折腾地球和折腾我们自己！我们也只能叹息，中国人，你真累！

第五节 超负荷的地球

从整体上看，决定一个社会消费水平的因素主要有3个：人口、人均消费以及所采用的各种技术配置。这3个因素也是加在经济的生态维持系统上的全部经济负担函数的3个变量。通常情况下，人口增长和技术的原因早已引起了人们的重视：生育计划的提倡者在致力于减缓人口的增长；环境保护者在不断地促进技术的改进，推广资源利用效率高的技术；消费是这3个因素中常常被忽视的一个原因，然而严峻的全球生态危机需要我们全面关注这3个方面。施里达斯·拉夫尔（Shridath Ramphal）在《我们的家园——地球》（*Our Country, The Planet: Forging A Partnership For Survival*）一书中指出："消费问题是环境危机问题的核心，人类对生物圈的影响正在产生着对环境的压力并威胁着地球支持生命的能力。从本质上说，这种影响是通过人们使用或浪费能源和原材料产生的。"[①]

生活消费所涉及的范围相当广泛，包括能源、运输、废物和环境损害等很多方面，同时也渗透于经济技术当中。现在人们普遍认识到解决这一问题的必要性，但又很难估量其实际影响。许多环境经济学家对传统经济增长的观念发生怀疑，强调应追求考虑到自然资源资本全部价值的经济目标。这需要更多地了解有关消费在经济增长和人口动态中的作用和影响，以制定协调一致的国际和国家政策。但由于生活消费的分散性和广泛性，人们很难对此做出一个准确的测量，尽管本书所给出的一些数据都是零散的、微观的，但是消费者社会不可持续消费方式引起的环境污染、资源耗竭、生物多样性和自然景观的破坏却是毋庸置疑的。

2003年，世界保护自然基金会发表文章称，最近30年，人类耗尽了地球上1/3的资源，以及森林覆盖面积的12%，欧洲河流和湖泊里生物种类的55%。如果地球生态系统的质量1970年为100的话，那么，该指数现在已经下降为65%。多种哺乳动物、爬行动物、鸟类和鱼类的数量减少一半还多。在这期间，人类对地球上自然资源的需求增长一倍，并以每年1.5%的速度继续增长。为了满足一个美国人的生活必需，需要12.2公顷的陆地面积，中欧人需要6.3公顷，甚至要求最少的非洲布隆迪人也需要1.5公顷。如果人类不改变目前对自然资源的态度，那么到21世纪后半期，我们就需要迁居到两颗大小跟地球相仿的行星上去。尽管对于火星的探索和开发给人们带来了希望，但是这种前景也并不乐观，无处逃避的人类在有限的未来只能生活在地球上。

尽管人们并不清楚究竟消耗了多少资源，但有一点是清楚的：每年人类都在消耗地球近50亿年历史中积淀的不可再生能源。据斯坦福大学生态学家彼得·维托塞克（Peter Vitousek）及其同事们预测，目前地球年度陆地净植物性生产[②]中的40%，不是直接用于满足人类的需要，就是用于人类间接活动或遭受破坏，这是一个非

---

① 施里达斯·拉夫尔．我们的家园——地球[M]．北京：中国环境科学出版社，1993．

② 对与地球生命支持能力相关的经济规模进行有效度量的一种方法，是对地球现有光合作用的产物中供人类活动消耗的份额进行衡量，净植物性生产是指绿色植物通过光合作用所固定的太阳能减去这些植物自身消耗的能量，实质上，正是地球总的食物资源——生化能量，支撑着从蚯蚓到人类所有的动物生命形态。

常危险的信号！在由于各种原因引起的土地生产力锐减和人类消费压力加大的情况下，人类对光合作用初级净生产量的占用率已经接近地球生态系统的极限；而与人类共同生活在地球上的其他数百万以陆地为栖息地的物种，只利用了其余的60%。如果按现有的人口增长率持续下去，到2030年，人类占用的比例将达到80%；若人均消费量增加，则上述翻一番的时间会更短。[①]

按照生态学规律，除植物以外的异养生物，在利用自养生物（即植物）的代谢产物方面是落后的。正如美国生态学家奥德姆（Odum）指出："就生物圈整体而言，不管什么样的生物与非生物过程，决定生产和分解的最重要的因素是总生产率与总分解率的比例，这两个相反功能的相互作用，控制着我们的大气圈和水圈。到目前为止，生产是超过分解的，人类现在索取的比回报的多，并且已达到威胁到生命生存的程度。异养生物在利用自养代谢产物上总是落后，这是生态系统的一个最重要特征。"[②]长此以往，随着人类越来越多地占用地球上的生命维持能量，尽管准确地说出人类将在何时不可逆转地跨越这一生命攸关的临界点是不可能的，但可以确信各自然系统将会加速解体，人类也就失去了生存依托。

从地球物质有限性的稀缺概念出发，无限增长的可能性被排除了。面对有限的自然资源，只要人类生息繁衍下去，就面临着无限的需求和有限的自然资源这一不可回避的矛盾。从这个意义上说，发展的可持续性问题可以归结为发展所需要的资源的可持续性问题。如何合理地利用有限的自然资源，满足人们日益上涨的物质、文化需求，并使人类持续发展下去，是一个关乎人类生存的重要问题。

当然，关于资源的可获得性存在大量不确定性。这是因为资源可获得性的极限究竟是否存在或何时达到不确定，发现新资源的可能性、用人为的资本和劳动力取代自然资源资本的可能性、用资源再循环或再利用等方法取代资源密集型的生产和消费方式的可能性以及节省或取代资源的技术进步而得到推动等是不确定的。更有甚者认为，资源不足可激发在研究和革新方面的投资，把资源限制进一步推向更远的将来。但不管怎么说，资源被直接消耗或者因资源退化而变得不宜使用，寻本溯源都是由不可持续的消费方式导致的。

---

① 莱斯特·布朗．拯救地球——如何塑造一个在环境方面可持续发展的全球经济[M]．北京：科学技术文献出版社，1993：71.

② E·奥德姆．生态学基础[M]．北京：人民教育出版社，1981：28.

第五章 中国走向消费主义？！

第一节 中国人生活消费的变迁

在发达国家，已经出现了对过度消费的反思，但在发展中国家，因为他们一直把发达国家的发达经济当作争相效仿的对象，发达国家丰裕的物质生活、宽敞的住房、清洁的卫生条件、舒适的轿车、光怪陆离的商业文化……始终是发展中国家居民梦寐以求的；并且对发展中国家的绝大多数居民来说，其许多基本需要一直也没有得到充分的满足。因此，发展中国家始终沉浸于自己是不发达国家，为了自己生存所消耗的自然资源较之发达国家的居民要少得多，因而，发展中国家更容易忽略从消费的角度对可持续发展问题的反思。

长期以来，巨大的人口压力和脆弱的生态环境，使得中国具有低能量社会的历史，中国人有着黜奢崇俭、勤俭持家的美德。持续了几千年的中国传统社会，主要是一种自给自足的农耕社会，自己生产、自己消费，注重实用。一般思想家都肯定人的自然需要的满足，推崇消费品的实用价值，现实生活中大多数人也都恪守着这一信条。

中国现行的消费方式受到了西方文化的深刻影响，这首先是通过直接向我国输入消费品发生的。早在西方资本主义生产方式的萌芽期，也就是在我国明代中期，西方的一些工业品，如钟表等，便由一些耶稣教士传到我国，并在当时的官僚上层流行起来。两次鸦片战争以后，西方国家通过与清朝政府签订一系列不平等条约，对中国的海关、贸易、财政、金融、航运等方面进行控制，西方各国对华商品的输出与日俱增。于是洋货代替了土货，传统的一部分自给性消费开始转变为商品性消费。

随着西方工业消费品的输入，消费品生产工业也开始在中国兴起，从而部分减少了国外消费品的输入。无论是清政府的官办工业，还是民族资本经营的民营工业，都是在西方机器大工业的影响下产生的，并且在产生以后就再也不能割断同西方世界的联系了。

新中国成立后，由于我国社会主义建设的生产力起点比较低，在生产与消费之间的关系上，长期的短缺经济，众多的人口需求，客观上需要用供给来制约需求。在经济短缺没有发生根本性变化之前，并不是像西方经济学所宣扬的用需求来主导、拉动供给，所以引导消费问题一直不突出。加之，受到战略决策失误的影响，在很长时间内实行的是自然经济型模式，我们奉行的是重生产轻生活、重积累轻消费、重生产发展速度轻生活水平提高的政策。那时的人们是节俭的，消费需求难以成为社会再生产过程的主导因素，生活消费没有对环境产生巨大的影响，但也不排除由于错误导向或人们的知识不足而引发的一些生态环境的破坏。

从1978年改革开放以来，中国的经济发展取得了举世瞩目的成就。1979-2010年间，GDP年均增长高达8%以上，成为同期世界上经济增速最快的国家。与此同时，中国普通民众在经历了长时间的战乱、动荡、贫困和商品匮乏之后，终于迈入了经济生产持续发展和生活水平稳步提高的阶段，城乡居民收入大幅度上升，消费水平急剧增长。随着社会经济的空前发展，越来越多的人们受到商品经济的猛烈轰击。

第二节　中国消费状况评析

在消费需求不断上涨的今天，中国的消费状况存在以下矛盾：

一、中国人口、资源、环境状况同日益上涨的消费需求之间的矛盾

对西方社会本身而言，消费主义在过去似乎不无存在的基础。丹尼尔·贝尔

（Daniel Bell）称："当资源非常丰富，人们把严重的不平等当作正常或公正的现象时，这种消费是能够维持的。可是当社会中所有人都提出更多的要求，并以此作为理所当然的生活水准，同时又受到资源的限制，那么我们将面临政治要求、生态限制之间的紧张局势。"①

从时间—空间延展的角度来看现代社会，我们的视野就绝不应仅仅停留在西方社会范围内。现代性从一开始就是全球性的现象。消费主义的浪潮一旦波及到不发达或欠发达的地方，所产生的困境就更加严峻：一方面是对西方消费水平不尽的羡慕和无边的渴望；另一方面是制度、资源、技术、人口，等等的限制。

自1978年以来，中国成功地推行了计划生育政策，取得了举世瞩目的成就。但由于庞大的人口基数和人口惯性引起的生育高峰以及低死亡率的共同作用，我国人口仍旧在减速增长。即使在中生育率、中死亡率，加上逐步提高平均生育年龄与人口逐步城镇化的条件下，估计中国的峰值人口将达15亿，当15亿中国人都大规模消费时会发生怎样的情况?

随着市场经济的发展、收入水平和消费水平的提高，人均资源产品的消费量必将随之增加。然而，尽管我国拥有广阔的国土和丰富的自然资源，但在庞大的人口基数面前，就显得相对不足了，人均占有量更是远低于世界平均水平。例如关系到人类基本生存的淡水、耕地、森林和草地四类自然资源，人均占有量大约只有世界平均水平的28%，32%、14%和32%。我国耕地面积少，人均只有1.25亩，仅相当于世界人均5.5亩的23%，矿产资源的人均占有量也不到世界平均水平的一半。资源的不合理开采和浪费，更加剧了资源短缺。②

随着我国从温饱走向小康，追求消费质量成为我国居民消费的显著特点。如果说在消费水平较低的情况下，我们主要是为了吃饱、穿暖，对环境的舒适程度、生活质量考虑的较少，那么，在温饱问题解决后，在物质文化生活状况不断改善的条件下，人们消费水平的提高并不单纯要增加消费品的数量，而且要不断优化消费环境，提高消费质量，提高生活的舒适、享受程度，这也是每一个人应享有的基本需求和社会所应提供给公民的正当权益。但是，伴随着工业化和城市化的进展，我国的环境污染日趋严重。目前，中国释放出的二氧化碳的数量仅次于美国，全球排名第二，中国城市生活垃圾产量迅速增加，全国城市人均生活垃圾产量几乎与GDP的

---

① 黄平．私人轿车和消费主义[M] // 丹尼尔·贝尔．资本主义文化矛盾，北京：生活·读书·新知三联出版社，1989.

② 国家环境保护总局．1999年中国环境状况公报[J]．环境保护．2000(7).

增长速度保持一致，且城市垃圾无害化处理率较低。大量城市垃圾未经处理，堆置于城郊，侵占了大量土地，污染了土壤、空气、水体并滋生蚊蝇，使得许多城市形成了垃圾围城的局面。改革开放30余年中国经济的高增长付出了较高的环境代价，近年日益受到关注的雾霾天就是一个明显的例证！

二、消费不足同生产过剩的矛盾

一方面是有效需求不足，甚至需要刺激消费；另一方面是中国在家电、汽车和原材料等各个行业，正面临着全面的生产能力过剩。所有的家电行业都面临着供大于求的状况，汽车、钢铁和化学等原材料领域也是如此。商品供给超过了需求，在中国开始了“买方市场”时代。面对这种情况，中国是否也应采取像发达国家在生产过剩时曾经采取的措施：人为制造需求，大量刺激消费呢？

三、我国城乡消费者心理在一定程度上和一定范围内失衡

两种消费病——消费饥渴和消费早熟并存。一方面是经济发达地区城市居民的消费早熟，另一方面是农村居民的消费不足。消费主义浪潮正悄悄地从大城市向小城市、从城市向乡村、从沿海向内地、从东南向西北、从高收入和高名望群体向普通大众蔓延。

消费饥渴是匈牙利经济学家亚诺什·科尔奈（Ja’nos Kornai）提出的一个概念，意指一个社会如果追求的消费超过了近期社会生产力能提供的物质产品以及资源条件所允许的生产限度，那么，该社会就陷入一种类似频频进食仍填不饱肚子的“饥渴型”消费状况，他把这种状况称之为“消费饥渴症”，这里借用科尔奈的概念意指在长期消费饥渴过后，人们在消费心理上存在一种欠缺感。

消费早熟这一概念是西方发展经济学家首先提出来的。1960年，美国经济学家W·W·罗斯托（Walt Whitman Rostow）在其著名的《经济成长阶段》（*the Stages of Economic Growth*）一书中，把人类社会经济的历史发展划分为5个阶段：传统社会、经济“起飞（take off）”创造前提的阶段、经济“起飞”阶段、成熟阶段、大众高消费阶段。以后，罗斯托在其1971年出版的《政治与成长阶段》（*Politics and the Stages of Growth*）一书中增加了第6个阶段：成长后阶段，即追求生活质量阶段。在这两部著作中，罗斯托把社会经济发展尚处于未成熟阶段就超前实行“大众高消费阶段”的消费状况，称为“消费早熟”或早熟消费。由此引申开来，把凡是消费超过社会生产力发展水平、超过国民经济增长率的消费格局，都称

作消费早熟。

中国目前的状况是一方面消费主义倾向在富裕阶层表现得淋漓以致，另一方面在许多人群中表现出有效需求不足。改革开放30多年来，尽管中国经济取得了长足的发展，但还有许多人的消费观念仍旧停留在短缺经济时代的水平上。许多人通过减少现在的消费、增加长远的储蓄、来积蓄财力。有的尽管已着手改善居住条件、出行条件，但遵循的仍是攒够钱再消费，没钱或钱不够不消费或暂缓消费。消费的滞后和消费需要不足，在一定程度上也影响了我们国家经济的进一步增长。

消费需求的培养同人的全面培养是密切相关的。消费品种类的增多、消费规模的扩大对消费者也提出了更高的要求。一方面，受教育程度同人的消费需求成正比。受教育越多的人，其消费需求可能越高，特别是在精神需求方面。另一方面，现代的商品和服务需要有掌握现代消费技能的消费者。面对琳琅满目、科技含量日益增长、品种和范围不断扩大的商品和服务。现代消费需要消费者掌握更多的有关市场、商品、科技知识和消费常识，才能适应市场经济发展的需要。

消费领域以及消费所反映的生活方式的变化是引人注目的。正如马克思所说："古老的民族工业被消灭了，并且每天都在被消灭。它们被新的工业排挤掉了，新工业的建立已经成为文明民族生命攸关的问题；这些工业所加工的，已经不是本地原料，而是来自遥远地区的原料；其产品不仅供本国消费，而且同时供世界各地消费。旧的、靠国产产品来满足的需要，被新的、要靠极遥远的国家和地带的产品来满足的需要代替了。过去那种地方的和民族的自给自足和闭关自守的状态，被各民族的全方位的互相往来和各方面的互相依赖代替了。"[①]

即使现在，中国也是人均电力和燃料使用量最低的国家之一。但从中国国情出发，中国绝不能走西方发达国家的那种现代化道路，他们的现代化是建立在过度消耗能源和资源，并索取别国自然资源的基础上的，其结果是严重浪费能量，恶化自然环境。13亿中国人如果都按消费主义生活方式进行大规模消费，不仅中国的资源没有能力支撑这种消费，整个地球也没有能力支撑这种消费。如果世界上所有国家的生产和消费都仿效美国，则其对全球生态的影响将是毁灭性的。据统计，如果发展中国家以工业化国家已经实现并正在进行的消费水平消费，同时发达国家亦保持其目前的消费和生产模式，那么世界人均消费将翻番，届时仅矿产和废物处置空间

---

① 马克思恩格斯选集：第1卷[M]. 北京：人民出版社，1995：254-255.

就需要6个地球那么大的地方才能满足。[①]温哥华大学教授比尔·里斯（Bill Rhys）指出："如果所有人都这样生活和生产，那么人类为了得到原料和排放废物需要20个地球。"没有一个生态学家认为，多达110亿的世界人口（2050年的预计数字）能将自身的物质生活水平维持在当今美国那样高的标准。

第三节　消费主义在中国的兴起与生长

毋庸置疑，中国人近些年来生活水平和消费水平有了很大的提高。在由短缺经济向丰裕经济的渐进转型过程中，已经完成了从节俭心理和习惯到享受心理和习惯的转型，特别是在年轻一代的观念中，节俭已经不再是美德，而是吝啬、小气、抠门的表现。中国城乡社会正在或已经出现消费主义生活方式，消费主义在中国的出现和扩散既是中国经济崛起的表现，更是西方消费主义文化意识形态在中国社会日常生活中逐渐取得文化霸权的过程。这意味着长期以来以勤劳俭朴的道德观著称的亚洲，现在又多了一个讲求奢侈的名声。这使全世界的奢侈品制造商们不胜欢喜。目前，中国被认为是具有最佳零售机遇的国家，中国消费主义已经抬头并在一些人中盛行。值得注意的是，消费主义是利用现代传媒技术来席卷中国的，并且通过良好的公共关系和信息对13亿中国人兜售消费品和服务，在中国社会中，高消费的生存方式多是在简单的非理性过程中完成的。

一、电视文化与消费主义崛起

在中国这样的发展中国家，电视成了新生活方式的象征。以彩色电视机为例，1985年底，我国城镇居民家庭平均每百户只有17.21台，现在许多家庭的电视机都已更新换代，向着更高档次发展，并且许多家庭都有了第二台甚至第三台电视。很多中国人休闲的主要内容和方式，几乎都简化为每晚守坐在电视机旁。据中美社会学家在1993年开展的一项较为大型的县级中国城乡生活调查，在3 000余名被调查者中，每周7天都看电视节目的高达到52.96%，一周中5~6天看电视的占10.59%，3~4天的占13.36%，一天也不看电视节目的仅为16.09%。几乎每天晚上各个频道的电视都是没完没了的"肥皂剧"和其间不断穿插的商业广告，在摩天大楼闪闪发亮的影

① 张亚雷，等．绿色技术与可持续发展[J]．中国人口资源与环境，1997(3).

像里，在昂贵而光鲜的服饰与汽车里，在舒适豪华的摆设里，在权势与财富的杯觥交错中，电视给人以强烈的视觉冲击，不知不觉地把人们带到这样的一个世界，在那里生活的内容和意义被简单化为占有或期望占有高档名牌消费品，电视文本中的样式成为人们现实生活中所追逐和仿效的榜样。

二、扩大内需的财政政策

改革开放20年来，中国从一个缺吃少穿的市场忽然变成一个物品十分丰富，应有尽有，甚至绰绰有余的繁荣市场，以至扩大内需、刺激消费成为中国经济的一个难题。

1998年12月9日，辞旧迎新的中央经济工作会议的一个重要议题是扩大内需，以消费拉动国民经济增长。这是中国政府第一次把刺激消费问题提升到这样的高度。目前，在中国的最终消费里，居民消费占80%左右，过去20年中，消费对经济的贡献率一直在60%上下，理论上讲，居民消费每增长1%，可带动GDP增长约0.5%。

启动消费的第一个信息是降息，这是国际通行的法宝。从1996年5月至1998年12月7日，中国人民银行31个月内连续降息，一年期存款利率由9.1%一路降到3.78%。尽管运用利率杠杆刺激消费，其效果并不十分显著，但如此密度和力度的降息是1949年以来所未有的。加之在降低利率刺激消费收效甚微之时，政府部门随即双管齐下，走出第二步：一方面扩大财政赤字，由国家投资带动民间游资；另一方面集中修改一些抑制消费的政策规章。如取消不合理收费、加强农村电网建设、调整农村用电价格、降低电讯收费、征收利息税等措施。

国家正在尽力做它能在较短时间内能做到的事情，尽管许多举措并未产生货币政策设计者所预期的那样的扩张，尽管扩张性的财政政策终非长久之计，尽管这是在强劲的外贸需求受制于东南亚经济危机过后东亚诸国经济复苏时的不得已之所为，尽管面对住房、医疗服务、养老这样基本的和性命攸关的保障都具有一定的不确定性，但不管怎样，这些扩张性财政政策的实施对进一步启动中国消费市场、刺激居民消费都起到了不可低估的作用。

三、强劲的住房消费

1998年，中国开启了以“取消福利分房，实现居民住宅货币化、私有化”为核心的住房制度改革。同时，一系列的住房金融服务举措让中国人在住房上获得了更大的空间和自由。当时中国的经济发展速度不快，拉动经济增长的需求是第一位的，住宅建设的产业链涉及建材、化工、钢铁等几十个行业；买房以后，花钱装修，要买家具、家电，又带动了很多行业。房地产行业的发展可以从多方面带动经济的增长，既可以从投资角度，又可以从消费角度拉动经济增长。从此，中国进入了商品房时代，中国人也开始了幸福与挣扎并存、感恩与无奈共生的“房改十年”。10年间，中国人经历了历史上最大规模的人居变迁，既有从拥挤不堪的弄堂胡同搬到宽敞、高尚的现代住区的欣喜，也有房价节节飙升悔之不及的忧愁。

四、势不可当的汽车消费

国内学者曹南燕认为汽车是现代消费观念的代表，其主要表现为汽车生产方式所体现的文化和汽车消费的文化。在生产技术上它追求大规模、组织化、高效率、时间可互换、可按单位计算、均匀流逝、工人也可互换、时效第一原则和科学管理。在消费上，它追求工资要多、工时要少，消费是工人的权利，鼓励消费、提倡超前消费、以广告促销、追求新奇、更新换代快、不惜浪费。在私人轿车问题上，个人大多难于明确意识到这是巨大的社会资源的浪费，更难置身于这一消费系统之外。

在加入WTO以前，中国的汽车工业作为需要保护的“幼稚工业”，以高关税壁垒的方式避免了同国外竞争对手的平等竞争，入世之后，从2000年起关税每年下调10%，2006年前整车的进口关税平均降至25%，零部件进口关税平均降至10%。在此之前，中国的汽车消费过于保守，持币待购现象严重。这种巨大的消费潜能在加入WTO之后释放出来，就出现了汽车消费的高潮。汽车消费进入“爆发期”，大量汽车进入家庭，日本和韩国都曾出现过这种情况。的确，中国现已成为全球最大的汽车消费市场，2012年我国汽车产销量双超1 900万辆，成为世界最大的汽车生产国和新车消费国。

五、突飞猛进的广告业

比经济学家更急切的是形形色色的生产销售商们，他们一直把培养广阔的潜在市场和刺激人们的消费欲望看作其最主要的目标。这从突飞猛进的中国广告业可见一斑。

近些年来，中国的广告业急剧增长。根据香港业内人士的调查，中国大陆的广告市场是未来增长潜力最大的。据中国广告协会称，中国大陆广告业的总开支多达几百亿元人民币，平均每年递增10%以上，中国的广告增长率远高于全球平均水平。这些开支大都来自上海、北京和广东等经济发达地区。中国广告市场上增长最快的是为发展迅速的消费品做广告，包括碳酸饮料、护发用品和洗涤剂。据统计，以广告收入计算，中国已成为世界第二大广告市场。许多跨国公司把中国形容为一个广告水平日趋先进的“巨大、复杂的市场”，其所进行的全球广告大战也在中国上演了。

第四节 未富先奢：中国的奢侈品消费

当整个社会逐步进入富裕和繁荣的阶段时，当社会上的财富不仅仅是满足生存需要时，奢华的生活方式以及奢侈品的流行几乎是不可避免的。中国加入WTO十余年来，世界各国奢侈品牌在中国走过了一个又一个的辉煌时代，在中国消费者的记忆里，形形色色的奢侈品牌逐次登场，各国奢侈品企业进驻中国持续扩张，中国消费者在国际市场的购买力增强。据世界奢侈品协会2012年1月11日最新公布的中国十年官方报告显示，截至2011年12月底，中国奢侈品市场年消费总额已经达到126亿美元（不包括私人飞机、游艇与豪华车），占据全球份额的28%，中国已经成为全球占有率最大的奢侈品消费国家。中国以庞大的消费力成为全球最具购买力的奢侈品消费国家。据该报告称，中国人已经成为节假日境外最具奢侈品购买力的消费群体，居全球之首。报告显示，2012年春节期间，中国人在境外消费累计达72亿美元，比预计数额增长了15%，创历史最高点。据了解，72亿美元的消费分布为：欧洲46%，北美19%，中国港澳台地区35%，而消费主要目标为名表、皮具、时装、化妆品和香水。另据英国《每日邮报》2010年12月28日报道，中国消费者在英国圣诞打折促销季中的贡献额高达10亿英镑。中国人已成为英国奢侈品消费市场的最大买家。中国顾客的消费额占到了英国奢侈品消费市场30%的份额，紧随其后的是俄罗斯人、阿拉伯人和日本人，其次才是英国本土消费者。总之，在全球经济衰退的大背景下，中国人扮演着奢侈品行业“救世主”的角色已成为一个不争的事实。

面对这样一张奢侈品账单，尽管其中存在认识上的误区，即不同于美国，中国奢侈品大都停留在穿戴领域，以手表、化妆品、时装等为主，实际上现阶段中国的销售量和营业额都不可能超越美国。另外，中美之间对奢侈品的定义有着本质的区别。很多中国人认为的奢侈品在美国根本就不算奢侈品，比如奔驰、宝马、保时捷等在美国都不算奢侈品；但中国着实也成为奢侈品消费的天堂。

以北京为例，消费奢侈品的人群基本可以分为以下几类：来自北京周边东北、山西、内蒙古等地的消费者。在这些地区，奢侈品的产品线往往不齐全，不能满足新贵们的需求；受传统送礼文化影响，来京找关系、找朋友，购买礼品的人群；集中在北京的文体明星、演艺人士，富二代、星二代、官二代和那些在信息开放时代，对生活品质有更高追求的年轻人们。这其中，除了传统意义上的有钱人和明星，数量最为庞大的年轻消费群体维系着奢侈品牌的未来。

“中国的奢侈品消费群体更加年轻。”这是奢侈品牌对于中国消费群体的基本判断。有报告显示，中国奢侈品消费者的年龄大约在20~40岁，而欧美地区奢侈品消费者的年龄多在40~70岁。无论是中国“新出道”的富人还是有着显赫背景的“富二代”以及正在打拼的白领阶层，拥有几件奢侈品对他们而言似乎并不遥远。毕马威中国对15个城市进行调研后发布的报告显示，在中国虽然有49%的受访者称他们无力购买奢侈品，但还是存在将来打算购买的欲望。与将奢侈品作为身份象征的“前辈”不同，他们更理性也更任性。中国的年轻人比外国年轻人更容易受品牌所左右，其对时尚、色彩、风格的接受尺度更广泛，年轻人的奢侈消费意识也更容易受商业文化的主导和诱惑。与此同时，他们也是全世界对奢侈品牌的忠诚度最低的消费群体，他们喜欢好的东西，但并非只迷恋某一品牌。对于这一点，奢侈品牌制造商们心知肚明，他们不能仅仅依靠简单的“品牌故事”“品牌精神”就能打动中国年轻消费者的心。在中国，他们不得不调整自己的营销战略，以适应中国新富阶层的品位。营销策略的创新，激发了某些中国人原本存在的暴发户心态，人人以超前消费、炫耀性消费、过度消费为荣，甚至把本来是美德的节俭当成了没面子或者是小气。

种种迹象表明，中国正在以超乎经济学家想象的速度走向奢侈品第一消费大国，越来越多的国际奢侈品集团将中国人的腰包作为重要的市场规划目标。尽管理智而清醒的消费者大都认为，奢侈品所彰显的风格和个性、社会地位和社会认同，更多反映的是特定阶层或人群的心理倾向，而非真实社会本身，但这种特定人群的心理倾向在渐进的过程中导致了社会生活本质的异化。

可持续发展提出在满足当代人需要的同时，不损害后代人满足自身需要的能力，力图寻找到一条人与自然和谐、人与人和谐、既满足人类生存需要又改善生活质量的发展道路。这对于人口众多、资源短缺的中国来说，尤为重要。我国虽然资源总储量丰厚，但人均资源量相对不足，不可能长期靠矿产资源、原材料等产品大量出口及其过度消费的粗放式经营来支持经济增长。

在科学高度发达的今天，人们对自身经济活动对自然环境的影响有了新的认识。地球所面临的最严重的问题之一，就是不适当的消费和生产方式，导致环境恶化、贫困加剧和各国发展失衡。这正是联合国环境与发展大会首脑会议所强调的。若要达到可持续发展，就必须加强对人类自身经济行为的约束，慎重选择、制定发展模式，达到最低限度地利用资源和产生废物。否则，地球就难以维持庞大的人类消费。面对西方消费主义文化—意识形态的冲击，我们应清醒地认识到中国并不具备消费主义生活方式出现的自然资源条件。

综上所述，无论是发达国家还是发展中国家都存在着不可持续的消费方式问题，发达国家消费者主要应节制物质欲望；发展中国家则应调整消费方式，避免重复发达国家高消费和不可持续消费方式的老路。中国不能重复工业化国家的发展模式，以资源的高消耗、环境的重污染来换取高速度的经济发展和高消费的生活方式。中国只能根据自己的国情，逐步形成一套低消耗的生产体系和适度消费的生活体系，以一种积极、合理的消费方式提高人民的生活质量。

第六章
消费至上主义

消费者社会的形成是一个历史过程。在这一过程中，政府的经济政策及因之而倡导的文化和道德取向起到了巨大的推动作用，因此，不可持续的消费方式虽然与经济问题密切相关，但并不单纯只是一个经济的问题，它还与社会文化有着较为密切的关系。在社会文化层面上，不可持续的消费方式表现为消费主义的价值观念或文化态度，正如一位西方学者所言："第一世界的消费揭示了当代世界最严重的一个问题"。

奢侈的生活方式任何时代都有，但奢侈并不等于消费主义，消费主义是在20世纪才出现的一种社会文化现象。在表层意义上，现代消费者社会是以物质商品的极大丰富为特征的，消费主义表现为现实生活层面上的大众高消费、大众媒介的积极介入和主导以及大众对消费时尚的普遍需求；但在深层意义上，消费主义早已超出了一般的经济学意义，而更多地表现为一种社会—文化现象，并对人们的世界观和价值观产生了复杂的影响。

"消费主义"对应的英文是"consumerism"。在英语中，这一词语通常有3种含义：第一种是指保护消费者免于无用的、劣质的或危险的产品、广告误导、不公正价格的消费者主权运动，有时也译为“消费者主权主义”“消费者保护运动”或“用户主义”[①]；第二种是关于空前扩张的物品消费对经济有利的观念；第三种是指物品和消费日益增长的事实或实践。[②]本文主要是针对后两种意义，特别是在第三种意义上的“消费主义”。

20世纪60年代后期，对环境问题的关注以及美国消费者对此的日益自觉和强烈主张，已成为意义重大的政治现实。[③]由于两者都是对生活质量和对美国经济制度的关心，因而成为相互关联而且相互渗透的社会运动。

大量各种各样的公共和私营组织成立起来着手处理消费者关心的问题。在联邦一级，1962年肯尼迪总统设立了消费者咨询委员会。这种关注对国会、公司及各级政府关注这些问题起到了很大的作用。只不过，无论是环境问题，或是消费者主权运动，都只取得局部的和偶然的胜利。但是，公众的觉醒以及对许多公害问题的高度关注，使人们有理由认为，从工业革命开始的对地球及其丰富资源悲剧性滥用的时代濒于结束。

过去，基于丰裕，美国人将自己的国家描绘成一个机会之乡，每个人都可以实现其“美国梦”。在这里，资源取之不尽，用之不竭，所有勤奋工作的公民都可以利用它；并且大部分美国人认为，如果任由人们去追求其自身的利益，最终也会自动服务于全民的整体利益，从而使人们能够充当一种既富有责任心而又享有自由的角色。环境问题的出现表明：在一个经济潜力日益有限的国家，那种关于自由行为和无限机遇的思想意识，已经变得不再适用。作为美国文化最富有吸引力的自由、机遇的优势，最终转化成美国文化的误区，这一误区突出表现为日常生活中的消费主义倾向。

消费主义是以美国为代表，在西方发达资本主义国家普遍存在，也在后发达国家出现了的一种文化态度、价值观念或生活方式。它是一个比前面提到的消费者、消费者阶层和消费者社会更为宽泛的词语，在表层意义上，消费主义表现为现实生活层面上的大众高消费，它常常是由商业集团以及附属于它们的大众传媒通过广告或其他文化、艺术形式推销给大众，并把所有人不分等级、地位、阶层、种族、国家、贫富等都卷入其中。这种文化态度或价值观念把消费数量和种类日益增长的物

① 狄德罗主编，集体编订．大不列颠百科全书[M]．1987．

② the Random house Dictionary of the English Language． 1987．

③ 20世纪60年代末期，全世界各个工业国家对于消费者的保护和环境质量的关注是显而易见的，同时在防止空气和水的污染、生产安全、挽救濒于灭绝的物种以及诸如此之类问题上的国际合作也日益增加。

品和服务看作是至高无上的，并将其作为最普遍的文化倾向和最确切地通向个人幸福、社会地位和国家发展的道路，作为较高生活质量的标志，甚至是公民对经济繁荣的贡献和对国家或社会的道德责任，从而使高消费成为正当的、道德的和合法的或者说是自然的和普遍的。人们在经济增长的条件下选择或接受了消费主义的生活方式，往往将高消费标榜为生活质量的提高，使“不要节俭”的意识成为人们的日常生活观念。[①]

全球范围内日益上涨的消费主义主要有以下4个特征：

（1）西方消费主义文化是建立在机器大工业基础上，以大规模商品生产和商品交换为特征的一种工业文化，它以鲜明的重视物质消费的物质主义为特征，并通过对物质的占有来达到心理的满足；

（2）消费主义的大规模消费需求大多是为服务于资本盈利和扩张而创造出来的，它要求人们永无止境地追求高消费；

（3）消费主义是对商品象征意义的消费，并将其看作是自我表达和社会认同的主要形式，看作是较高生活质量的标志和幸福生活的象征；

（4）向社会各个领域渗透的消费主义日益在全球获得其正当性和合法性，成为一种新的社会统治方式，体现着一种新型的社会生活组织原则——文化主宰。

根据不同的理论取向和研究视角，这种现象有时也被称作“美国化（Americanization）”、“可口可乐化（Cocacolinization）”、“麦当劳化（McDonaldization）”或“西方文化帝国主义（Western cultural imperialism）”，等等[②]，甚至还包含金融资本、技术、信息网络、资源利用、市场开拓等方面的国际化内容。

消费主义对自然资源的占有和消耗表明，以北美人为标准的消费代表了一种不可持续的消费方式，发达国家未受抑制的消费主义生活，只是人类一厢情愿的美梦。在世界范围内推广这一标准不过是一种幻象，全世界的人都按照消费主义生活方式生活绝无可能。不幸的是，目前这种高消费的生活方式却成了国际上对进步的普遍看法，尽管人们已经意识到了这种现象的不可持续性，但它仍旧以极其迅猛的速度，像瘟疫一样在全球扩散。

---

① 黄平．面对消费文化：要多一份清醒．人民日报[N]．1995.4.3；尹世杰．消费文化与“消费主义”．人民日报[N]．1996.8.24；阿兰·杜宁．多少算够[M]．长春：吉林人民文学出版社，1997：122.

② 陈昕．中国社会日常生活中的消费主义[D]．北京：中国社会科学院，2003：39.

在现代社会中，商品世界及其结构化原则，对理解当代社会来说具有核心地位。其具有两方面的含义：一方面，在文化产品的经济方面，文化产品与商品的供给、需求、资本积累、竞争以及垄断等市场原则融合在一起，作用于生活方式领域之中；另一方面，就经济的文化维度而言，符号化过程与物质产品的使用，体现的不仅仅是实用价值，而且还起着沟通和交流的作用。

过去几十年来，对于资本主义文化的分析通常把消费的文化作用与过程置于核心地位。因为生产愈来愈多的物品以作消费之用是资本主义的专长。即使是捍卫资本主义体系的人也都认同，作为一个经济体系，资本主义的文化“目标”就是消费。

这里，我们所要讨论的并不是发达资本主义高消费这一简单的事实，而是这一事实的文化意义。从文化层面上分析消费主义，更为关注的是资本主义社会直接的“生活经验”——人们赋予消费行为的诸般意义，而这些意义对于他们的目的感、快乐与否及认同等有什么影响。所有文明中的所有人都在消费，问题出在“消费文化”或“消费主义、消费至上”之类的观念，因为在这样的文化中，其“最为重要的、为之心醉之事”是消费。

批判消费至上主义应当以人类需求的满足作为标准，而不是站在严苛律己的清教禁欲的立场。批判消费主义的观点来自许多不同的新马克思主义之立场。世界范围内有关消费文化研究的观点很多，本文选取具有一定代表性的观点对消费主义文化加以分析。一种是英国学者斯克莱尔将消费文化看作一种文化—意识形态，并认为它是全球化过程中的主导文化；一种是法国著名的后现代主义者鲍德里亚将消费作为一种以其自身的原则或编码将人的主体性消融于其中的符号象征系统，并成为人类生活的一种新支配形式的有关消费的后现代特征的论述；还有一种是贝尔针对现代丰裕物质生活掩盖下的文化精神失落，对后现代主义的“信仰危机”开出的治疗“药方”。

第一节　作为消费的文化—意识形态：斯克莱尔的观点

伦敦政治经济学院的莱斯利·斯克莱尔（Leslie Sklair）在《全球体系的社会学》（*Sociology of the Global System*）一书中把全球性的消费文化视为消费主义文化—意识形态。[①]他认为，在资本主义体系的全球化过程中，决定消费者社会欲望

① 陈昕. 中国社会日常生活中的消费主义[D]. 北京：中国社会科学院，2003：75-77.

需求的已不再是经济领域里的因素，而是由文化或意识形态领域所控制。“新需要”本身不仅体现着物质生产方式，而且还凝聚着文化心理因素，商品的消费过程同时也是一种灌输与操纵的过程。消费主义文化不但制造出人们的欲望，同时也将这些欲望道德化和制度化。特别是随着经济的繁荣与技术统治的加强，意识形态的控制已不再主要依赖于“作为意识形态的国家机器”的灌输，而是将这项任务转由商品消费以隐蔽的形式来承担，消费主义文化最终承担了意识形态的功能。[①]

斯克莱尔将全球性的消费文化视为一种意识形态是有其明确意义的。如果从资本主义体系在全球范围内实践的角度来看待我们正在经历的全球化过程，消费文化作为一种特定含义的生活方式就绝不仅仅是消费本身，而是一种价值体系。它不断模糊需要和欲求之间的界限，鼓励人们尽量去“欲求”其实际“需要”之外的东西。在现实生活中，它保证了资本积累的私人利益并再生产出体现这种利益的社会关系，从而使全球资本主义体系永久维持下去。从功能上讲，这种文化控制的结果是特定生产方式的再生产和维持经济增长的有效性，因而起到了一种文化—意识形态的作用。因此，消费文化在全球资本主义体系内部具有意识形态的功能。

作为文化—意识形态的消费文化暗含着生活的意义在于消费，它在人们的心目中确立了这样一种信念：消费是个人生活乃至社会的经济、政治和文化生活的核心内容。尽管消费主义并不公然宣称这一点，但它通过对人们日常消费的控制达到了对人们的观念、行为乃至整个社会生活的控制，从而实实在在地实现了这一点。

斯克莱尔在全球化进程中强调了文化的作用，将消费主义文化—意识形态确定为全球化过程中的主导文化，是全球化文化在日常生活中的主要表现；并系统地描述了政治、经济、文化的制度性力量与资本主义体系全球化现象的逻辑关系。在谈到政治、经济、文化这三者在推动资本主义体系全球化过程中的相互联系时，斯克莱尔形象地指出：

> 可以说，消费主义文化—意识形态是为全球资本主义这部车子提供动力的燃料，驾车的主人当然是跨国资产阶级，而这辆车子本身就是大型跨国公司。[②]

斯克莱尔认为作为全球化过程中主导文化的消费主义文化—意识形态在全球体系中充当的是一种文化霸权的角色。最先使用文化霸权这一概念的是意大利的

---

① 意识形态在最终意义上是整个文化的支撑体系，它属于广义文化概念的一部分。在这个意义上，所有跨国文化实践都属于意识形态领域的实践。

② L. Sklair，*Sociology of the Global System*，Harvester Wheatsheaf. 1991：42.

马克思主义者安东尼奥·葛兰西（Gramsci Antonio），他在《狱中札记》（*Prison Notebooks*）中所阐发的文化霸权是指一个社会集团或社会集团的联盟对其他从属集团在道德和哲学上的领导权。成功的领导权表现为社会大多数成员对其思想、价值的“积极同意”，从而在客观上保证了对其有利的社会关系的维系和再生产。[①]最初的文化霸权总是与阶级、阶级统治以及意识形态相联系的。无论是马克思的“占统治地位的意识形态”、葛兰西的“道德与哲学领导权”、还是阿尔都塞（Althusser）的“意识形态的国家机器”或哈贝马斯（Habermas）的“合法性危机”，其实质都是使特定的社会规范及其制度化的社会建制获得一种广泛认同的合法性，其结果是在日常生活领域中使特定的生活方式、价值伦理与社会秩序成为天经地义和不容置疑的，从而使社会制度的再生产在观念上和日常生活中取得文化上的保证。文化霸权是当代社会生产方式与社会关系再生产所普遍采用的最基本手段，消费主义文化在20世纪的社会生活中日益处于一种自主的与建构的地位，成为一种文化霸权。[②]

在消费者社会中，消费是需要文化力量推动的。消费者社会最显著的特征不是文化的多元化，而是要有一种特定的文化保证消费履行其生产力的职能。在这里，文化领域又显示出马克斯·韦伯（Max Weber）所关注的那种主导作用。韦伯认为，新教伦理及其所包含的理性因素在现代社会的诞生过程中起到了关键的文化主导作用。[③]同样，围绕着消费所形成的消费欲望构成了一种社会控制，这种社会控制冠冕堂皇地显得非常具有合法性，在人们的日常生活领域中为专事经济增长的经济发展理论进行辩护。毋庸置疑，在一个社会内部，生活方式、思想、观点、价值的多元性以及反主流文化的存在都是普遍的现象。特别是冷战结束后的世界经济、政治以及文化多极化趋势的发展，但是文化的多样性或多元性并不能否定主导文化或主导趋势的存在。

尽管冷战以后，出现了世界范围内的多极化发展，然而伴随这一发展过程的还有占压倒优势的全球化趋势。这种全球化趋势在日常生活领域中则主要表现为西方发达国家消费主义生活方式向全球的扩散，并日益在世界各地取得日常生活中的规范性和道德上的合法性，它把传统生活伦理中的节俭、适度变为普遍的奢靡之风并堂而皇之地冠以现代化、经济繁荣、社会进步之名，成为个人进取和促进社会生产力发展的动力。进而，使商品所象征的社会意义成为个人判断和社会认同的依据，

---

① 安东尼奥·葛兰西．葛兰西文选[M]．北京：人民出版社，1992：427-428.

② 徐崇温．“西方马克思主义”论丛[M]．重庆：重庆出版社，1989.

③ 马克斯·韦伯．新教伦理与资本主义精神[M]．北京：生活·读书·新知三联书店，2007：7.

人们常常是据此做出日常生活的选择。所以，作为一种价值观念，以商品文化为核心的消费主义，已经构成人们生活的不可或缺的一部分，成为人们的生活方式、实践领域和日常活动。在这个意义上，消费主义所承载的已经不仅仅是百姓居家度日的伦理，它通过反映特定意识形态的意志在人们日常的消费行为和生活方式中行使着对大众道德、思想、观点的控制与主宰，成为一种文化霸权。

消费主义生活方式构成了人们日常生活的一个主要部分，支配着人们的日常选择。生存于其中的许多人，看不清方向，难以自拔。接受了消费主义的生活方式也就意味着对支撑这种生活的价值、思想和观念的认同，无论是传统的还是创新的、本土的还是外来的、自觉的还是被动的、意识到的还是没有意识到的，总之，人们对所发生的任何变化的自觉或不自觉的抵抗都将瓦解，人们失去了判断力和批判力，不能区分真正利益和直接利益、真实需求和虚假需求。只有改变其生活方式、否定现实的一些东西并拒绝它们时，人们才能看到这种控制，并找出从虚假意识走向真实意识、从直接利益走向真正利益的途径。环境问题的出现带来了由于社会的、心理的和人口统计的原因而转向有利于环境的态度变化，同生态的、能量的以及原材料短缺相连，经济需求问题成了资本主义国家热烈讨论的并关系到人类自身及其后代生死存亡的问题，这需要人们改变其消费方式，清醒地判断真正的需求，否定和拒绝商品和消费的巨大诱惑。

以日益上涨的环境资源的使用为特征的消费主义生活方式，只是人类一厢情愿的美梦。

第二节　关于消费者社会的后现代观点：鲍德里亚的看法

一般认为鲍德里亚（Baudrillard）的消费文化理论可以分为两个阶段：其早期思想是带有马克思主义倾向的对资本主义的批评，只不过其分析超越了传统马克思主义主要集中于政治、经济领域的分析，而是将其转移到文化领域；20世纪70年代中后期，鲍德里亚逐渐转向了对消费文化的符号学观点或者说是后现代主义观点。[①]

鲍德里亚认为消费者社会中的消费对象是一个整体性的意义象征体系，不能从单个消费对象予以理解。鲍德里亚明确地批判了建立在经济学和社会学观点上的消费者社会理论。在他看来，经济学和社会学不能胜任对消费主义的分析。经济学

① 陈昕．中国社会日常生活中的消费主义[D]．北京：中国社会科学院，2003：42.

法国哲学家鲍德里亚：作为商品记号与符号象征的消费，成了消费的主要源泉

将在市场中行动的个人视为自由的“理性人”或“经济人”的假定，社会学使用的诸如“个人偏好”等范畴以及含有对个人具有决定意义的“社会”概念，都无法准确把握消费主义的实质，并且也不能从具体的需求概念出发来理解消费对象，而只能从不断变动的符号象征体系中作出解释。资本主义社会中，消费文化的一般性扩张，不仅说明了文化商品与信息市场的扩大，而且也表明，商品的购买与消费这种既定的物质行动，不断被扩散于生活之中的广告、影视、商品陈列与推销等文化影像所调和、冲淡，相反作为商品记号与符号象征的消费，反倒成了消费的主要源泉。[①]因为不同的消费对象具有不同的象征意义，所以变换不定的符号象征体系具有一种永无止境地激发人们欲望的能力，使人们从对消费对象使用价值的需求转变为一种“为欲望而欲望”的需求，从而，使过去为满足需要（need）而消费转变成为满足欲望（wants）而消费，即对欲望本身的消费。

鲍德里亚认为，消费文化在当代消费者社会中不啻是一种生活方式，尽管事实上它还并没有与意识形态截然分开，然而，由于它不直接表现为对现存经济、政治合理性的辩护，而是以一种隐蔽的、非政治化的方式，以普遍的伦理、风尚或习俗的形式将个人发展、即时满足、追逐变化、喜好创新等特定的价值观念合理化为个人日常生活中的自由选择。因此，这种特定的价值体系便构成了对特定社会制度生产和再生产的特定的文化环境，就如同韦伯所关注的那种新教伦理的文化背景，不同之处在于由晚期资本主义的奢华、享受、及时行乐的价值观取代了早期资本主义的节俭、勤奋和积累的价值观。

鲍德里亚认为，由于消费文化兼具意识形态与日常生活文化的两重性，消费者社会中消费的需要与满足是一种已理性化的生产力，它成为现实生产力中不可或缺的要素和制度再生产的主要方式。所不同的是这种特殊的生产力同时受到两种控制：在结构主义的分析方法上，消费文化受到符号限定的控制；在社会、经济和政

---

① Baudrillard. For a Critique of the Political Economy of the Sign[M]. St Louis：Telos Press，1981.

治意义上，消费文化受到来自生产本身限定的控制。这使其有别于正统马克思主义的观点，生活在19世纪的马克思，并未置身于 20世纪的消费者社会，马克思对于资本主义的批评包括对商品本质的讨论，并没有强调消费者的行为和动机问题。马克思的文化概念也主要是通过生产来表达和实现的，通过人类的劳动活动实现人类的意志，人的意识客观化于劳动者的物质生产中。马克思主义对当代资本主义的文化分析与批判往往都是从后者出发来建立文化控制观点的。如果说韦伯是从资本主义制度的文化发生学意义上有别于马克思从生产领域对资本主义的考察，那么鲍德里亚就是将马克思对资本主义经济体系的生产与再生产条件再一次从生产领域扩展到文化领域。当代资本主义生产方式再生产的建构力量已不再像传统马克思主义那样产生于经济、政治领域，而是转移到了文化领域。文化因素在生产方式与社会关系的再生产过程中的主导作用通过社会控制形式从生产领域转移到消费领域。[①]在这一点上，鲍德里亚特别强调了消费对社会关系的构建意义，即资本主义生产方式的再生产有赖于消费的扩张，消费再生产出了资本主义的新时期。“在20世纪消费领域所完成的事情正是19世纪发生在生产部门的生产力的理性化过程：将大众融入劳动力大军的社会化完成之后，工业体系为了满足其自身的需要，还必须进一步通过社会化使其成为消费的大军。”[②]在这一过程中，意识形态的作用在于“它使我们相信我们已经进入了一个新时代，并确信决定性的人性革命已经将悲壮的生产时代与令人欣慰的消费时代分离，人及其欲望的正当性最终获得了重建”。

后来，鲍德里亚对消费文化的研究逐渐转向了对消费现象的符号学研究。他认为，生产范畴不足以解释战后时代商品的地位，只有符号学模式才能够破译和解释现代商品的意义结构。当代社会随着商品世界的扩张，大众媒介的渗透以及科学技术的发展，文化领域最终占据了对社会生活的支配地位。社会生活的组织与支配原则已不再是生产，取而代之的是以信息、媒体和符号所主宰的意义、观念形象等文化生产系统。在现实生活中，这种文化生产系统日益成为个人参照与模仿的源泉，世界变成了一个由不断增殖的符号所主宰的世界，符号正在强有力地建构着人们的日常生活和新的社会秩序。在商品中，信息、形象、意义与所指关系也已破裂并被重构，它们不是指向商品的使用价值或实用性，而是直接指向了欲望。从而，使消费者社会陷入到商品世界自参照、自组织的代码（code）体系的迷宫之中。

---

① Julian Pefanis，Herterology and postmodern Bataille，Baudrillard，and Lyotard，Duke University and London，1991：78.

② 陈昕．中国社会日常生活中的消费主义．原文引自Jean Baudrillard，Selected Writings，edited by Mark Poster．California：Stanford University Press，1988：50.

鲍德里亚认为，商品的符号意义一旦在具体的社会关系和文化氛围中得以确立并为人们所知觉或接受，就成为一个相对自主的现实力量，成为建构社会生活的一个新维度。鲍德里亚试图向人们说明，社会权利的支配作用不是与社会群体的意志有关，而是所有人都受到一个不为任何社会和主体意志所控制的超意识形态的符号世界的主宰。用变换不定的符号象征系统拒绝任何整体意义的存在，隐匿了大众消费的意识形态性质，并使符号学的消费文化走向了取消主体性、消解任何基本意义的极端。可以说，关于消费的符号学观点在当代条件下显现出一种过去不曾为人们注意的新维度。但是，鲍德里亚所认为的符号对社会生活的构建否定了人的主体性以及对消费者社会消费意义的消解是难以成立的。符号控制如果不与其背后的经济、政治或社会关系力量相联系是不可思议的。人们不能否认或忽视与符号力量同时存在的经济、政治的作用以及制造符号的不同社会群体的存在，如跨国公司、商业广告、大众媒介在推销其产品和服务时充当着消费领域里符号体系的制造者、传播者和强化者的职能。如果没有意识形态所提供的合法性，对商品符号价值的追求与消费就不会获得成为一种流行的生活方式所必需的道德基础；如果没有诸如财富、权力、地位等社会意义为前提，消费品种种可能的符号意义也就无从确定或被感知。

在鲍德里亚看来，消费者社会的政治经济学性质与符号结构性质是消费主义文化—意识形态的两个基本特征，消费主义表面上的非强制性实质上是一种文化霸权的统治或符号象征系统对人们的控制。商品符号系统在消费者社会能够获得如此巨大的力量，可以说是意识形态的文化霸权与商品符号象征系统的珠联璧合。传统意义上意识形态的主导力量与当代消费符号的控制机制的联姻使作为文化霸权的消费成为当代西方社会乃至全球化过程中最主要的权利支配形式，甚至最具有原动力性质的物质生产领域也受到文化系统的控制；并且即使是作为生产力要素的劳动力也可以为日益发展的技术所替代，但由文化所主宰的消费方式或作为消费的生产推动力量也不可能被其他生产要素所取代。所以，在当代，消费方式作为一种文化现象已经不可能在生产领域中找到其必然性和合理性；相反，现行生产方式的再生产或原有意义上的经济增长要得以继续则必须依靠文化生产和再生产的力量。资本主义生产方式的再生产与社会关系的建构功能从生产者社会的生产领域通过消费转移到消费者社会的文化领域，标志着生产时代的结束、消费时代的来临。[①]

---

① Steven Best，Douglas Kellner．后现代理论——批判的质疑．*Postmodern Theory: Critical Interrogations*[M]．台北：巨流出版公司，1994：150.

鲍德里亚注意到了晚期资本主义社会大众传媒的作用：电视过多地威胁我们真实感知现实世界的影像与信息，符号文化的胜利导致了一个仿真世界或者说是虚拟世界的出现。符号与影像的激增消解了现实与想象世界之间的差别。在鲍德里亚看来，这意味着“我们生活的每个地方都处在对现实的‘审美’活动之外，真实现实的消失”。在这一意义上，鲍德里亚的消费文化实际上就是后现代文化——“毫无深度的文化”，在这样的文化中，一切价值都被重新评估，符号文化已赢得了超越现实的胜利。

日益增大的政治与经济的文化意义并不是这些领域分化或差异化的结果，而是更加普遍和更加彻底的商品化的结果。商品化已经有能力将大片区域殖民化，尽管这些文化区域一直阻挡着普遍的商品化，甚至与商品化的逻辑相矛盾。今天，文化基本上变成了商业，这一事实的后果是，过去习惯上被看作是经济或商业的东西现在变成了文化，必须根据这一特征来分析各种理想社会或理想的消费行为。

更普遍的意义上，马克思主义在做如此分析时具有理论上的优势，即商品化的概念是一个结构性的概念，而不是一个道德化的概念。道德的激情产生政治行动，这些政治行为多半是转瞬即逝的，与运动所涉及的问题很少相关。但只有与问题相结合，政治行动才能发扬光大。的确，只有在对社会的结构性认知受到阻碍时，道德化的政治才会产生。

至于消费主义，很多人可能希望，历史将证明，消费主义作为一种生活方式对于人类社会有着重要的意义，但是，对于世界的大多数地方来说，消费主义的嗜好在客观上将失去其效用；在某种程度上说，资本主义本身就是一种革命性的力量，它创造新的需求和欲望，是一种永不满足的体制——现在将在全球范围内的新世界体系中得以应验。

从理论层次上可以说，诸如结构性失业、金融投机、失控的资本流动、理想社会这些眼下紧迫的问题都是深刻地相互联系的。唯有从世界体系的角度，才能理解具体化的理论与经济学家的危机理论和新的结构性失业是一致的，而后者与金融投机、大众文化的后现代性一样都是同一整体不可分割的组成部分。所有这些都表明，必须把文化的焦点对准经济，而又必须使经济研究抓住晚期资本主义的文化实质。

第三节 新时代的宗教：贝尔的观点

丹尼尔·贝尔在《意识形态的终结》（*the End of Ideology*）一书中指出：“人

们在50年代发现一种令人困惑的停顿。在西方，在知识分子中间，旧的热情已经耗尽。新的一代由于对那些旧的争论缺乏深刻的记忆，同时由于没有稳妥的传统可以依靠，所以正在从精神上放弃过去那种启示录般的、千年幸福幻想式的从政治社会体制中寻求新目标的想法。在探索‘事业’的过程中，存在着一种深刻的、绝望的、差不多是忧郁的愤怒情绪……焦躁地探索一种新的精神上的激进主义。”[①]

丹尼尔·贝尔认为现代人面临现代世界文化的剧烈变化，丧失了把握人与世界关系的整体意识，从而使感受力陷于迷乱。同时，人因渎神而虚无，对周围世界感到难以把握。现代主义文化作为宗教思想消亡之后的替代品显得力不从心，它并没行使宗教制约性，相反，它承接了同魔鬼打交道的任务。它不像宗教那样去驯服魔鬼，而是以世俗文化的姿态去拥抱、发掘、钻研它，逐渐视其为创造的源泉。并在此过程中形成了以经验本身为最高价值的信念。这种行为一旦合法，历史的钟摆不免朝着松弛放纵的一端移动，日益远离节制和约束。当宗教从拯救人类灵魂的地位隐退之后，文化变成了至高无上的，它不仅许诺给人类一个美好的世界，而且对精神归宿亦加以承诺。但这种文化并不存在对合理性的否定。因而认为新的就是好的，创新就是真理，“甚至疯狂本身也被当成真理的优越形式；创新的感觉和行为方式畅通无阻、迅速扩散，改变着文化大众的思想与行动”。于是人们越来越追求物质享受和感官刺激，使得对自己毫无神圣感而言，消费主义大有扰乱文化一统天下的趋势。

从某种程度上说，新时代是由消费统治的。现代文化是一种消费文化。消费文化直接影响了人们的生活方式，而且使整个现代文化向享乐文化偏航。“玩”和“性”成了这种享乐文化的最后疆界。为此，贝尔指出：“放弃清教教义和新教伦理的结果，使资本主义丧失道德或超验的伦理观念。这不仅突出体现了文化准则和社会结构准则的脱离，而且暴露出社会结构自身极其严重的矛盾。”[②]这种将“玩”和“性”等享乐主义作为生活方式的消费文化，以一种自由主义的方式进行文化领域的统治，使传统的价值合法性陷入危机。中产阶级的生活方式被享乐主义所支配，享乐主义摧毁了作为社会道德基础的新教伦理，“文化大众”所表现的种种制度化的乏味形式以及市场体系所促成的享乐主义生活方式。其结果使得人们失

① Daniel Bell. the end of Ideology:on the Exhaustion of Political Ideas in the Fifties[M]. Glencoe，Illinois：Free Press，1960：374.

② 丹尼尔·贝尔. 资本主义文化矛盾[M]. 北京：三联书店，2007.

掉了文化的一致性。在颠覆传统文化秩序的同时，也影响了文化标准本身。生活原则的界限变得模糊以至消融，人们丧失了传统的融合感和完整感，碎片或部分代替了整体，现代文化也随之失去了它的批判力量。

贝尔认为，之所以出现这种状况，主要是中产阶级的文化趣味对现代文化的侵袭和改造。正如中产阶级流行杂志所认为的那样，这种文化实际上是要宣扬经过组装、供人“消费”的生活方式。大众文化的花招很简单——就是尽一切办法让大家高兴。中产阶级文化以其表面佯装尊敬、高雅文化的标准，而实际上却正在使其消解并庸俗化。这一文化的品格由大众消费意识构成。如汽车一举扫荡了闭塞的小镇社会原有的众多规则……这种“宗教”被描述成后现代的消费文化。这种私人化的和商品化的期望被新奇的、变化迅速的、讲求个人享乐和消费选择的后现代价值观所统治。

贝尔以其锐利的目光洞察到在物质丰裕掩盖下的种种文化精神失落，对后现代主义的“信仰危机”开出疗治的“药方”：向后工业社会的新宗教回归，重聚人和世界的碎片，通过传统信仰复兴来拯救人类。贝尔相信，宗教能够重建代际之间的连续关系，将人们从物欲的追求中解脱出来，进而走出生存的困境，向宗教的昵近，表明了一种对生命意义的全新透悟。

后工业时代愚昧的物质主义玷污了公民社会的内涵。似乎人们日益热衷于权利而不谈义务，权利越来越优先于义务。现在人们缺少的，是每个人对自己的义务和对其所属的公民秩序中同伴们的义务。很大程度上，自然界受到人类行为的危害，这是人类对自然所承担的道义责任的一种失职，而这种失职只能是由于作为生活在这个社会中的公民对其自身生活本质的理解出现了问题。他们曲解了民主的含义，仅仅将其当做一种“追求个人幸福而不是公众幸福的哲学”，把自由误认为机遇，把消费误认为增长，把自我膨胀错当成了自我实现。今天的失败是公民对于作为这个巨大世界中的成员所应承担的责任感的不恰当理解所致。我们中太多的人只知道享受与生俱来的自由民主的特权而不能充分理解其相应的责任和义务。

生产与消费规模的扩大使整个世界对于美好生活的期望日益增长。消费者社会，现代消费品渗透到社会的各个角落，商品所负载的意识形态的灌输作用、或者说作为一种符号系统已不再是单纯的说教或宣传，而是变成了一种美好生活的样式。“好生活”（good life）的感受实际上是受到“好生活”的观念左右。在消费者社会，资本动机或经济增长通过将消费主义文化作为一种生活方式将自己的意志实现于其中，使经济利益的偏见成为社会共同利益的文化灌输与控制，从而在商品消费过程之中完成了资本主义意识形态的功能。美国及欧洲制造商从包括亚洲、南美和非洲在内的真正全球消费市场中极大获益。[1] 在这一过程中，尽管消费主义生活方式有其背后的经济原因，但它对大众社会控制的主要推动力量是由价值、观念、思想以及符号象征所产生的，人们接受了商品灌输给他们的“好生活”的观念，就与商品背后的整个文化价值体系达到认同。得到公众普遍赞同的消费主义生活方式，在消费者社会中日益具有合法性，甚至极大地阻碍了对消费主义进行反思和批判。

① 事实上，当我们在大工业时代提高了繁荣程度、扩大了生产消费规模时，我们才可以在历史上第一次谈论真正意义上的全球经济。

第七章 消费主义的伦理审视

我们共同的未来

从社会角度对消费主义进行思考是一个从经济学论域中引申出来的超经济学问题。在日常生活层面上，消费之于人们的物质生活，具有生活技术的意味，然而，当人们开始关注消费的环境影响而对其进行约束时，进一步思考有关消费文化和生活方式的关联性以及消费之于人生的意义与价值的时候，消费就具备了伦理问题的严肃性，使得消费这种与人类生活密切相关的日常生活现象具有了道德伦理的意义。

从属于经济伦理学的消费伦理问题，主要考察消费作为一种经济活动的合理性和道德价值评价问题，也就是个人消费行为的价值合理性和道德正当性的证明。由于消费所具有的个体物质生活选择的表现形式，使得有关消费的伦理探讨不可避免地涉及个人生活的目的或人生意义之类的哲学命题。

消费主义生活方式是人类在日常生活领域中经历过的最迅捷和最基本的变化，但对这一巨大转变的悲剧性嘲讽在于对环境造成巨大损害和影响的消费主义生活方式，并没有给人们带来一种令人满意的生活。现在，美国人比以往任何时候工作都更加勤奋，而他们的积蓄却比以往任何时候都少。他们的信用卡债台高筑，一个美国家庭的平均负债总额高达5 700美元。越来越多的人渴望获得种种奢华生活的装饰品：越野车、装修豪华的住宅，甚至连那些殷实富足的家庭也在抱怨，辛辛苦苦地工作却只能买得起“生活必需品”。

第一节　消费主义意味着较高的生活质量吗?

通过不可持续消费或消费主义生活方式来刺激经济增长能否带来生活质量的提高，其实际上是关于经济增长利弊的一个非常重要的判定标准，关系到经济增长的方向和发展道路的选择。消费主义文化的一个最有代表性的观念就是认为消费主义生活方式是较高生活质量的标志、是人类进步的象征。生命的延续与繁衍当然需要物质的支持，但生活质量的维持与提高，是否必然建立于这种毫无休止、贪得无厌的物质追求与拥有之上？消费水平与生活质量是否具有消费主义所宣扬的这种相关性呢？有关生活质量的研究在一定程度上回答了这一问题。

20世纪五六十年代，西方进入丰裕社会之后，人们愈加重视对生活质量的研究。“生活质量”的概念最早是由美国制度经济学的代表人物加尔布雷斯（J. K. Albraith）在其所著的《丰裕的社会》一书中提出来的。他认为“生活质量”是指人们生活的舒适、便利程度以及精神上所得到的享受或乐趣。[①]美国哈佛大学商学院教授雷蒙德·鲍尔（Raymond Bauer）被认为是这一领域研究的先驱，他在1966年发表的《社会指标》（*Social Indicator*）一书中率先使用“生活质量”作为衡量社会发展的一个社会指标。自从鲍尔的《社会指标》一书问世之后，“生活质量”研究便从“社会指标”中分离出来，专用来指对社会及其生活环境的感受。

早期关于生活质量的研究由于受到福利经济学的影响，其研究重点主要是对大众生活福利的研究；20世纪50年代末到60年代，主要是对提高“生活质量”的对策

① J. K. Albraith．The Affluent Society [M]．Boston: Houghton Mifflin，1958，2ed．1969.

性研究。有关生活质量的多数研究并没有直接以“生活质量”为研究对象，而是将“生活质量”混同于“生活水平”“生活标准”“福利水平”等概念。20世纪70年代初期，曾将人类社会发展分为5个阶段的美国发展经济学家华尔特·惠特曼·罗斯托（Walt Whitman Rostow）又补充提出了第六个阶段，即追求生活质量阶段。也就是说，在“大众高消费时代”，由于出现了一系列因消费而导致的环境和生态问题或其他不合理性，人们转而追求环境的优美、空气的清新、生活的舒适以及精神方面的享受，进入了追求生活质量的新阶段。

围绕生活质量及其社会指标进行的诸多讨论都曾集中于探讨经济目标上，将单纯的经济增长（GDP）作为发展的主要目标。在实践过程中，人们逐渐认识到发展过程所应达到的，不仅是物质商品的提供和消费的满足，数量上的经济增长其本身不是目的，只是创造较好生活条件的一种手段。因而，从20世纪60年代开始，有关生活质量的研究从物质生活转向精神生活。20世纪70年代以后，对生活质量的研究更加全面和细致，进入了对生活质量进行测定和指标评估的阶段。此间出版了许多以富裕、幸福、生活水平、家庭状况等方面生活质量指标为中心的论著，人们对“生活质量”的研究逐渐从把“生活质量”作为社会发展的局部指标转向将其作为社会发展进程的核心指标来研究。

这种变化是同20世纪50年代以来社会发展观的两大转变密切相关的。社会发展观的一个转变是从以经济增长为核心到以社会的全面发展为宗旨的转变，即由单纯的经济增长观念向社会发展观念的转变；另一个转变是从以发展的“客体”为中心到以发展的“主体”为中心的转变。新发展观将人作为主体置于社会发展的核心，认为人的发展是由3个基本层次构成，即基本需要的满足、人口素质的提高和人潜能的发挥，这3个层次体现了“生活质量”的内容构成。

“社会发展”的含义非常广泛。它不仅包括产出量的增加，而且也包括一般经济条件如分配、社会福利、卫生教育、意识形态等情况的变化，以及人类经济生活乃至社会生活中深刻的结构变革和技术创新过程，甚至人们精神生活质量的提高。围绕经济发展进行的生活质量研究引发了经济学、社会学、统计学和未来学等众多研究领域专家学者们的兴趣和关注。人们对“生活质量”进行研究的宗旨是为了实现人类个性的发展、幸福及生活的舒适与满足。同分配产品和收入相比，生活标准中隐含着更多的内容。如贫穷可以被定义为没有满足某些重要商品的消费，如食品、衣物和教育等，同时，个人福利也有赖于像自由之类无形的东西。正如日本学者金子勇指出：“研究生活质量，其目标在于弄清提高生活质量的方法，它们大多表现在‘福利’或‘美好生活’方面。”于是，人们从生产和消费的“经济”或

“不经济”的外部性影响[1]、市场的不完全性以及对所生产的商品和服务效用的怀疑等一系列社会关切事件或人类的需要和意愿来分析生活质量，提出了人们关注的各种事情。它们包括政治上的一致、确定发展的“主观的”和“经验的”决定因素以及科学地确定生理的（食物、住所等）、心理的和社会的（教育、娱乐等）需要等。

根据社会关注或人类需要的一套“社会指标”来评价生活质量，是对货币综合指标无法提供有意义的福利衡量标准的反应。联合国对国际上致力于发展社会指标的各种努力作出的一个比较性评价指出，这些指标应包括教育、就业、收入和财富的分配、社会保险、卫生、住房条件、时间使用、闲暇和社会分层等领域。这些社会指标把人们的视野扩展到生产和消费市场之外，其范围比货币指标广泛得多。但这些方法也有缺陷，它们缺乏一个共同的法定值，很难综合到一起。这是有关生活质量的概念和相关指标体系一时难以取代公认的国民收入、产值或消费的货币指标的原因。

由于确立生活质量（或经济福利）的“社会指标”的失败，工业化国家和发展中国家的发展政策都依然故我，继续集中精力最大限度地提高国民收入和产值；同时，一贯坚持减缓贫困的发展观再次将满足“基本需要”和进一步超出基本需要作为发展的主要目标；然而，国际上的许多意见并不倾向于采纳这种处理方法。人们觉得，把注意力集中于基本需要的国际战略意味着侵犯主权国家的发展政策，主权国家应该具有优先发展的项目，因此，联合国第三个发展10年的国际发展战略则避免提及满足人类的基本需要，而是要解决环境、发展、人口和自然资源之间的相互关系以及城市平民区的环境恶化问题，也就是实现可持续发展。

如何把提高生活质量和保护环境结合起来，是可持续发展的一个关键问题。人们一般认为，发展就是提高人民生活质量的过程，它包括物质需求和非物质需求的满足。但是不同时代、不同地域的人们喜好也不尽相同，很难明确说出一般的社会目标是什么。许多人曾试图就定义和评价“社会忧虑”和“人类的基本需要”，制定一个能够普遍接受的准则，但都失败了。受到20世纪60年代举世瞩目的污染事件，以及后来关于地球资源的开采已越过其物理极限的报告——《增长的极限》的

---

① 所谓的外部性，是指个人（包括自然人和法人）的经济活动对他人造成了影响而又未将这些影响计入市场交易的成本与价格中，也就是说，经济活动会产生超越于进行这些活动的主体以外的外部影响，进而会产生不能全部反映到私人成本中的社会成本（外部环境成本和资源耗竭成本）。正是基于外部性，提出了如何在外部性存在的条件下，实现资源的社会最优配置问题。因此，就存在着采用一些政策和手段使得外部成本内在化的客观要求。

影响，人们对经济增长政策和用产值进行定量统计的方法产生了怀疑。人们越来越意识到，人类的增长应受到一定的限制和约束主要是基于一个简单的事实——地球是有限的，地球的资源是有限的，地球的承载力是有限的。如果继续以不可持续的方式增长，会达到地球的极限。正如塞拉俱乐部[①]的格言："不盲目反对发展，可是反对盲目的发展。"新的经济增长必须抗拒空前增长对环境造成的威胁，"环境指标"是生活质量的一个重要方面，人们应该更合理地评价资源枯竭、环境退化对经济增长与生活质量的影响。所以，国际上和各国都呼吁搞"综合的""环境上合理的""可持续的""多方参与的"或"有选择"的发展，进而提倡一种对环境负责任的消费。

持续扩大的商品供应是经济增长的结果，特别是应用各种先进技术的结果。不过，高速的经济增长和先进的技术只是提高生活质量潜在的和必要的条件，而不是充分条件。尽管生活质量与消费水平有关，但生活质量并不唯一地与消费水平相联，生活质量是一个在一定程度上依赖于消费水平，但又不等同于消费水平的概念。生活质量所注重的是生活必需品的获得和生活条件的改善以及在此基础上发展需要的满足或享受状况，特别是当人们维持基本生存需要的物质条件已经获得之后，生活质量在一定经济水平上还取决于社会价值观、社会的文化氛围以及相应的生活方式。一个追求功利效率的社会，尽管能够推动经济产值的增长，增加社会物质财富并满足人民的生活需求，但因其并不是以满足社会的真正需要为前提，所以它并不能保证人们真正需要的充分满足和生活质量的有效提高。消费主义的特征之一就是经济的增长主要用于那些与改善生活质量无关的消费，或者说经济增长的程度并不对应于生活质量提高的程度，人们以较大的资源和环境代价，换取了较小生活质量的提高，是一种得不偿失的行为。

第二节　消费主义等同于幸福吗?

在企业与政府有意无意的鼓励下，在各种各样的宣传及广告的引诱与蒙骗下，人们对物质的占有欲望与日俱增。消费从一种可以带来快乐及满足的行为，逐渐演

---

① 塞拉俱乐部（Sierra Club），或译作山岳协会、山峦俱乐部和山脉社等，是美国的一个环境组织，著名的环保主义者约翰·缪尔（John Muir）于1892年5月28日在加利福尼亚州旧金山创办了该组织，并成为其首任会长。塞拉俱乐部拥有百万会员，分会遍布美国，且与加拿大塞拉俱乐部（Sierra Club Canada）有着紧密的联系。

变成快乐与幸福本身。消费就是快乐，消费就是幸福成为许多新兴一族理所当然的观点。经济学家认为，人总是在追求幸福，其道德上的合理性毋庸置疑。当人们面对选择的时候，有很多证据可以证明人的物质追求倾向。人想要提高自己的物质生活水平的需求仿佛同人试图在不断追求幸福一样是天然合理的。消费者社会中的人们，物质生活极大丰富，他们消费了大量的商品和服务，消耗了大量的自然资源，同时也付出了相当大的环境代价，面对这种生活，他们感觉幸福吗？

人们通常认为消费水平是衡量生活幸福度和生活满意度的标准，大众高消费是发达社会的特征，是社会生产力高度发达和高生活水平的体现。的确，在一个物质丰裕时代，任何一种生活欲望都有各种各样的品牌来满足你。例如，为满足一种食欲可以有诸多的品牌，可以任由自己的喜好选择自己喜欢的口味。许多人认为，消费的幸福就在于对消费对象质与量的选择，按照这种幸福的标准，今天生活消费的各个领域，几乎都可以用“幸福”二字来形容；但实际上，这并不是幸福，而只能说是“丰裕”或“富足”。

消费和幸福之间的任何联系都是相对的而非绝对的，[①] 人们从消费中得到的幸福是建立在他们是否比其邻居或比他们过去消费得更多基础上的一种标准。斯坦福大学经济学家蒂博尔·斯克托夫斯基（Tibor Scitovsky）证明，消费是上瘾的：每一件奢侈品很快就变成必需品，进而人们又发现一种新的奢侈品。在代际之间，奢侈品也变成了必需品，人们对照当年设立的标准来衡量现有的物质舒适程度，每一代人都需要比前人满足更多的东西。经过几代人之后，这一过程就能把已经达到的富裕重新定义为贫穷。需要是被社会定义的，它随着社会的进步和发展而逐步提高，随着消费者社会处于良好地位成员的生活必需品无止境地上移，消费标准也不断提升，社会很难满足一个“体面的”生活标准的定义。[②]

占有物质产品的多少并不能反映人们的幸福程度，消费水平的高低也不能反映

---

① 根据英国《经济学家》1999年4月17日一篇文章的调查结果表明：钱有时并不总能使人感到幸福，至少是不能感到更大的幸福。结婚的人比独身的人感到更幸福；没有孩子的夫妇比有孩子的感到更幸福；女人比男人感到更幸福；受过良好教育的人比没有受过教育的人感到更幸福；自由职业者比受雇于人的人感到更幸福；退休者比在职者感到幸福。研究结果表明，影响人们快乐与否最重要的因素是就业，有工作的人比失业者感到更幸福，通胀率低也使人感到更幸福。收入的增多当然会增加一点幸福感，但其效果并不显著，也不太重要。从年龄上来说，人在30~40岁的时候，幸福感是递减的，但过了这个阶段以后，幸福感会再次上升。

② Scitovsky. the Joyless Economy: The Psychology of Human Satisfaction[M]. New York: Oxford University Press，1992：21.

人们对生活的满意程度，消费水平的上升和下降并不代表人们幸福和快乐程度的增减，各国消费水平的差别也并不代表不同国家人民幸福或快乐程度的差别。按照美元的不变价格来衡量，世界人口在1950年消费的物品和服务就同以往所有世代人消费的一样多。从1940年开始，美国人使用地球矿产资源的份额就同其之前所有人加起来的一样多，然而这种划时代的巨大消费也并没使消费者阶层感觉更快乐些。由芝加哥大学的民意研究中心所作的常规调查表明，尽管在国民生产总值和人均消费支出两方面的数值都接近翻番，但并没有更多的美国人说他们现在比1957年“更幸福”，感觉“更幸福”的人口比例从20世纪50年代中期以来一直在1/3上下波动。1974年的一项研究表明，尼日利亚人、菲律宾人、巴拿马人、南斯拉夫人、日本人、以色列人和西德人在幸福程度上都把自己列入中等行列。排除与物质丰富和幸福相关联的因素，低收入的古巴人和富裕的美国人都说他们比一般人幸福得多。关于幸福程度的记录，在富裕国家和极端贫穷国家并没有明显的差别。[①]

斯克托夫斯基等人的研究还表明，较高收入的人较幸福的主要原因是白领阶层的技巧性工作比蓝领阶层的机械性工作更为有趣。经理、董事、工程师、顾问和专家所从事的工作更富有挑战性和创造性，比那些较低层级的人得到更多的精神回报，所以他们较低收入阶层的人更幸福。[②]

牛津大学心理学家迈克尔·阿吉尔（Michael Argyle）在其《幸福心理学》（*The Psychology of happiness*）一书中指出：真正的幸福是被掩盖了的社会关系、工作和闲暇。在这些领域中，需求的满足并不绝对地依赖于富有。事实上，一些迹象表明：社会关系特别是在家庭和团体中的社会关系，在消费者社会中被忽略了，而这些因素恰恰是人们感到幸福的主要原因；另外，在消费者社会中，在人际关系疏离的同时，生活节奏随着国家工业化和商业化程度的增大而加快，人们能够享用的闲暇时光越来越少了。所以，尽管消费者社会中的人们能够得到充裕的物质满足，但他们并不感到特别的快乐和幸福。

消费和满足之间的关系是复杂的，是一种按时间进程来比较的社会标准。关于幸福的研究同样也是难以捉摸的，生活中幸福的主要决定性因素与消费状况并没有绝对的关系。在幸福的决定性因素中，最主要的是对家庭生活的满足，尤其是对婚姻，其次是对工作的满足以及对能够发展潜能的闲暇和友谊的满足。尽管消费者阶

---

① 阿兰·杜宁. 多少算够[M]. 长春：吉林人民文学出版社，1997：19-20.

② Scitovsky. the Joyless Economy. The Psychology of Human Satisfaction[M]. New York：Oxford University Press，1992.

层享有人类历史上前所未有的独立，但与之相伴的还有彼此依恋的下降。心理学研究表明，消费与个人幸福之间的关系微乎其微，用物质的东西来满足不可缺少的社会、心理和精神的需求只是徒劳。①

另外，不可持续的消费不仅反映了人们贪婪的本性，而且也反映了人类需要归属的社会本性。在消费者社会，消费成为一种社会接受方式，人们将消费物品作为自尊和地位的证明，并通过消费来得到别人的承认和尊重。许多消费者常常是被消费欲望所促动："我消费这种东西，证明我拥有这种能力或者我有这种品位，证明我属于某一阶层。"消费者的这种心理，从侧面证明了人是一种需要归属的社会动物。消费者社会的，单纯的物质占有并没有使人们确立社会归属感，反而使人们陷入不可持续消费的误区，人们总是试图以这种消费来确立自己的归属感和幸福感。最终，以不可持续的消费方式持续地消费下去，只能是既浪费资源，又不能使人们得到真正的幸福。同时，自然界受到人类行为的危害，也是人类对自然所承担的道义责任的失职。这种失职只能是作为生活在发达社会中的公民对生活本质的理解出现了问题。他们曲解了民主的含义，仅仅把它当成了一种"追求个人幸福而不是公众幸福的哲学"。他们的失败是公民对于作为这个巨大世界中的成员所应承担的责任感的不恰当理解所致。他们中太多的人只知道享受与生俱来的自由民主的特权而不能充分理解其相应的责任和义务。

既然承认地球是维系人类生存的源泉、公共生活的幸福最终依赖于这一星球的幸福，既然认同人类处于存在者巨链中的特殊地位、人类具有成为这一星球看护者的道德责任，那么作为个体权利的理念，只有当这些权利完善了地球大社区的幸福时它才是合乎需要的。享受自由民主权利的同时就应该相应地承担作为地球看护者的责任和义务。但在消费者社会中，人们在享受自然环境所带来的福祉时，似乎并不理解互相依赖、协同和共同的意义，不了解自然之于人类的生态学意义以及人类之于自然的责任和义务。

第三节　消费主义无碍于社会公正吗?

关于社会公正含义的争论，自有文明史以来就已存在。今天，这一争论在某种程度上将决定消费主义今后有无前途，或者说在某种意义上其前途是否光明。许多

---

① Argyle，Psychology of Happiness，转引阿兰·杜宁. 多少算够[M]. 长春：吉林人民文学出版社，1997：21.

道德家和哲学家都曾就社会公正的含义作过深入的探讨和分析。其研究所涉及的范围很广，理论也多种多样。如有强调私有财产和市场自由交易重要性的意志自由论；强调首先主张人人拥有平等自由的权利，同时在这一平等自由的构架内，援助那些最需要平等自由的人们；还有认为任何合理的道德理论必须建立在对人类完善美德的信念之上，建立在只有由友谊、传统及共同理想塑造的群体中才能形成和保持的信念基础之上，等等。①

尽管有关社会公正的说法众说纷纭，但我们完全可以从对社会公正含义的多种纷争中看到对这一问题进行认真探讨的趋向。在讨论社会公正时，我们讨论的是谁得到了什么，在什么基础上得到的；我们也讨论谁给予了什么，在什么基础上给予的。这实际上是在讨论规定参与某类社会群体在创造和分配利益方面的准则，无论该群体是经济的、政治的、荣誉性的、家庭的乃至宗教的。因此，关于社会公正的讨论，其根本问题在于当谈论分享某一特定类型群体的利益时，究竟应包括哪些人。

社会公正绝不是简单的蛋糕大小的问题，比谁多谁少的争论更为根本的是该是谁的问题。在人类生存的不同领域和不同时间范围内对这一问题的回答是不同的。如在分配工资时，雇主对雇员负有责任，对非雇员则不负有责任。在家庭生活中，双亲承当的崇高责任是既要同等地爱每个孩子，又要承认并鼓励每个孩子的各自天赋；尽管我们每个人对于非亲属也负有重要义务，但是对于陌路世人，则不负有与对自己的配偶、孩子和双亲所负有的同样义务。因此，有关社会公正争论的中心问题在于：在推行社会公正的某一特定标准时，必须首先明确是哪种关系或哪一特定类型的社会群体，也就是说社会公正的标准所适用团体的成员都有谁。

目前，在环境危机的情势下，几乎所有的国家都在追求既要改善环境质量，又要保证较高经济水准的目标，同时又要使未来社会能为世界上绝大多数人提供更多的机会。以往人们强调的主要是代内公平，现在人们不仅强调代内公平，而且也强调代际公平。现在人们所追求的社会公正不仅在空间跨度上包括全体人类，而且在时间跨度上也包括子孙后代。代内公平要求发展中国家的生活水平要接近工业化国家的生活水平，并要求良好的环境和可持续发展的经济；代际公平要求子孙后代享有和我们一样的权利和机遇。从代内公平到代际公平不是从一个到另一个简单的“逻辑外推”，而是一个极为复杂的过程。

---

① 雷诺兹，诺曼．美国社会——心灵习性的挑战[M]．北京：生活·读书·新知三联书店，1993：332．

现在的不公正是明显的，其不公正主要表现为两个方面，一方面是当代人之间的不公正，主要又体现在发达国家和欠发达国家之间的不公正；另一方面是当代人与后代人之间的不公正，表现在现代人正在透支后代人的资源或者说是对后代人拥有同我们一样的生存机会和较好环境状况机遇的一种剥夺。

当代社会人们的资源使用量是不平等的，居住在工业化国家的世界1/4人口占有世界商业能源消耗量的80%，居住在发展中国家的另外3/4人口仅占其余的20%，世界范围内的消费也存在同样的问题。联合国开发计划署的统计数字揭示了这一鸿沟。

2011年10月31日凌晨，伴随着作为全球第70亿名人口的丹妮卡·卡马乔在菲律宾降生，地球居民已有70亿之多。这是一群自1960年以来数量直线上升的居民，是在环境悲剧、食品危机、贫困和经济压迫等问题日趋严重的情况下每年以7 000万数量增长的居民。但现在的问题并非单纯是人口数量造成的，而是全球社会经济结构分化造成的。将70亿人分开来谈，局面就更为残酷。有至少26亿人缺乏基本的医疗服务，11亿以上没有适当的住宅。联合国的数据揭示了更根本的危机：世界上3名巨富的财产超过了48个不发达国家的国内生产总值之和。世界人口中1/5的富有者和1/5的最贫困者，用人均国民收入来衡量，其收入比在1980年是30：1，而1997年则扩大到74：1。[①]

这显然是一种不公正。但是寻求公正的办法，也绝不是使发展中世界的人口都像工业化国家那样消耗能源，如果是以这种方式实现社会公正的话，地球将难以维继。正如《我们共同的未来》所指出的那样，人类历史到1900年为止，世界经济总量才发展到6 000亿美元；而今天，世界经济每两年的增长量就超过这一数目。北美洲的人均消费是印度或中国的20倍，是孟加拉国的60~70倍。如果为了实现公正消费，全球70亿人口都按照西方的消费水平来消耗能源和资源，那么，为满足人们的需求将需要10个地球。[②]

另外，我们的子孙也同样有权利生活在一个充裕而美丽的星球上，至少是同我们现在所拥有的星球同样的充裕和美丽。作为后来者，他们不应面临着代际间“公

---

① 新自由主义全球化拉大贫富差距[N]．参考消息．1999年7月14日．第1版．原文出自阿根廷《号角报》7月11日《另一个世界的世界》．

② 张坤民．可持续发展论[M]．北京：中国环境科学出版社，1997：120．原文引自Gro Harlem Bruntland，Keynote address: The challenge of sustainable production and consumption patterns，Symposium: Sustainable production and Consumption Pattern，Oslo，Norway，1994 business perspective，WBCSD，New York，1996.

地悲剧”的影响；环境已经被先来者破坏了，而治理污染的重负却期待着后来者承担，这是不公平的！

发达国家丰裕的社会掩盖了许多不公正和不平等的现象。假如他们真诚地致力于创建一个公正平等的社会，那么就必须承认这种不公平，并认真采取行动。消费者社会，如果不降低其生活标准，就必须抛弃生活在一个平等社会中的假象。对于那些居于社会等级上层的人士来说，自觉减少自己享有的机遇，将这些机遇赋予那些下层阶级以及被当成消费者社会负担的人群，这或许是更为公正的事情。即便这可能使消费者社会那种诱人的形象变得支离破碎和万劫不复，但至少也可使人类社会更多的成员能够维持其目前的生活水平。为此，发达国家必须把消费水平调整到“生态可能的范围内”。[①] 如果不进行这种调整，而是仅以满足他们自己目前的需要为依据，不仅代内公平要受到损害，而且环境的持续发展和代际公平都要受到损害。

---

① 世界环境与发展委员会．我们共同的未来[M]．长春：吉林人民出版社，1997：11．

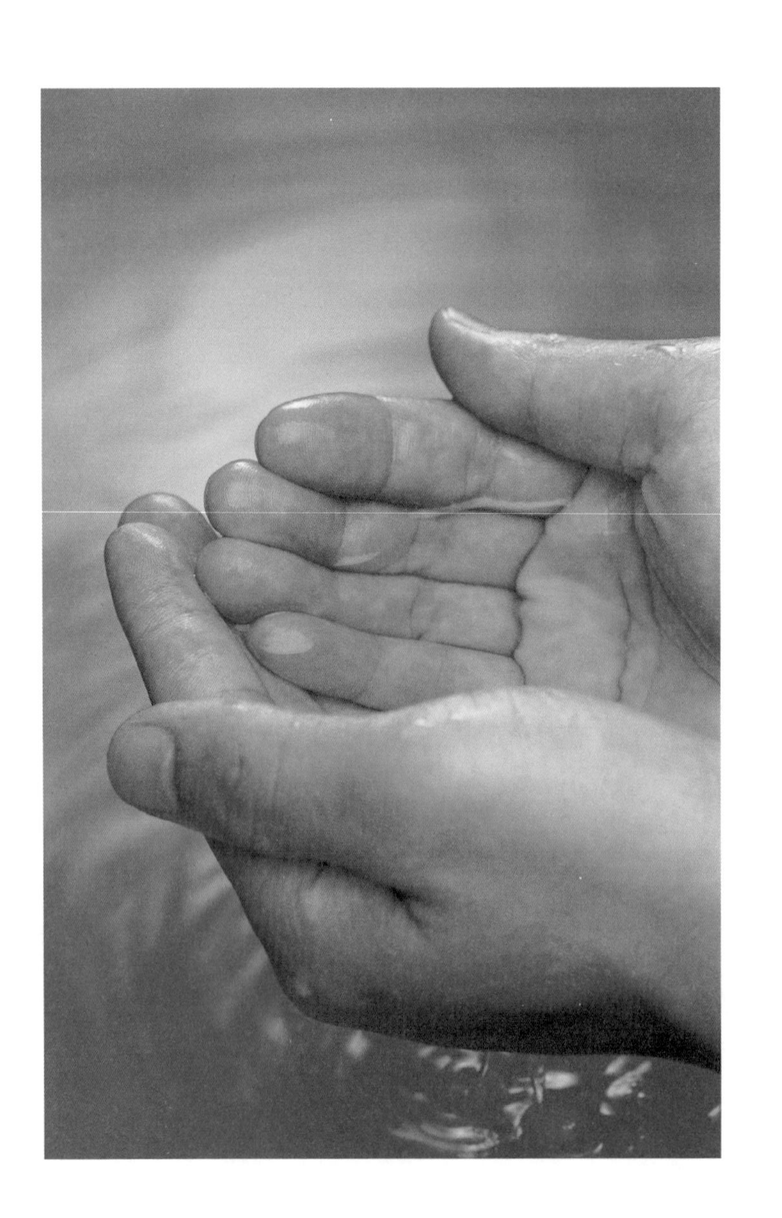

第八章
走出消费主义怪圈

进入21世纪以来，特别是联合国环境与发展大会之后，人们逐渐达成共识。1992年6月，在巴西里约热内卢召开的联合国环境与发展大会上，183个国家共同制订了一项关于可持续发展的全球行动计划——《21世纪议程》（Agenda 21）。该议程第四章《改变消费方式》中提到："全球环境退化的主要原因是不可持续的生产和消费方式，特别是工业化国家不可持续的生产和消费方式，它使贫穷和失调加剧。"该议程明确指出，不可持续的生产和消费方式是造成全球环境问题的主要原因；另外，这一章还反复提到了可持续的消费方式并将其作为所有国家应当实现的目标，指出"所有国家均应全力促进可持续的消费方式"，"促进减少环境压力和符合人类基本需要的生产和消费方式，加强了解消费的作用和如何形成更可持续的消费方式"。不过，尽管该议程多次提到可持续的消费方式，但它对什么是可持续的消费方式并没有给出一个明确的回答，只是指出它是一项涉及广泛领域的活动。

在这次盛会之后，国际社会先后举行了多次有关可持续消费的研讨会，如1994年，联合国在挪威奥斯陆召开的"可持续的生产和消费方式研讨会”；1995年，联合国可持续发展委员会委托韩国在汉城（今为首尔）主办的“可持续消费政策手段研讨会”；另外，1995年1月，荷兰环境部在荷兰举行了有20多个国家和国际组织参加的有关可持续家庭消费问题的研讨会。这次会议对可持续家庭消费的基本问题、长期目标、实施可持续家庭消费的障碍和对策进行了研讨。以及后来的2002年“中国首届可持续消费论坛”、2004年UNEP“部长圆桌会议”、2008年在北京举行的“可持续消费国际研讨会”等，这些会议对有关可持续消费以及实现可持续消费的政策和措施进行了较为深入的讨论，使得社会各界对可持续消费的问题日益重视。

《21世纪议程》指出不可持续的生产和消费方式是造成全球环境问题的主要原因。

继1992年的环境与发展大会之后，中国政府于1994年也制定了中国的21世纪人口、环境与发展白皮书——《中国21世纪议程》。该议程的第七章《人口、居民消费和社会服务》中提到：“消费方式的变化同人口的增长一样，在社会经济持续发展的过程中有着重要的作用。合理的消费方式和适度的消费规模不仅有利于经济的持续增长，同时还会减缓由于人口增长带来的种种压力，使人们赖以生存的环境得到保护和改善。越来越多的事实表明，人口的迅速增长加上不可持续的消费方式，对有限的能源、资源已构成巨大压力，尤其是低效、高耗的生产和不合理的生活消费极大地破坏了生态环境，由此危及人类自身生存条件的改善和生活水平的提高。”尽管《中国21世纪议程》明确指出了不可持续消费方式的严重危害性，但对于什么是不可持续的消费方式，什么是合理的消费方式或可持续的消费方式也并没有给出一个明确的说明。

全球可持续发展要求人们能根据地球的生态条件决定自己的生活方式。发达国家的生活消费超过了世界平均的生态条件和资源状况，发展中国家也存在着许多不合理的生活消费。面对这种状况，一方面是发达国家改变其过度的生活消费，另一方面是正在走向富裕的人们应该避免重复发达国家的消费方式。从这个意义上说，无论是北方的“奢侈型”消费还是南方的“生存型”消费，某种程度上都存在着相应于各自水平的环境影响，都存在着改变消费方式的问题。

第一节 低碳也经济

在一个可持续的经济中，自然资源的消耗将下降。一个可持续发展的世界经济不能主要依靠石油和煤来提供动力。减少对这些化石燃料的依赖，最容易、最迅速和最廉价的方法是提高能源利用效率，更有效地使用能源，即用较少的能源完成更多的工作。采用新工艺，使住房更为节能，使汽车在燃料消耗方面更加经济，使炉灶更加有效，在减少能源需求的同时满足人们日益增长的消费需求。

尽管我们已习惯于使人类社会向着越来越复杂化、科技化的方向发展，可是，人类将来面临的低能量世界却相反，那是一种简单、小型的社会。事实上，人类历史曾经历很长时期的低能量消耗社会，比之目前紧张的现代城市化生活，我们有可能造就低能量的生活方式。今天技术发达社会的一些东西，如果耗费能量不大，未来仍将保留。各种防治疾病的药品和疫苗、较小型的计算机、收音机、电视、自行车和书籍等，未来仍旧会使用。

现代的社会生产正在从高能量生产过渡到低能量生产，我们的社会正处于巨大的变革时代。人们如果了解从高能量向低能量转化的意义，我们就应为应对这种变化做好准备。我们应训练自己适应适度的消费水平，准备好必要的技能，同时也准备做一个适应自然的生产者和创造者。我们可以做些园艺和农活，可以自己动手建造和修整房屋，学会自我服务，减少使用交通工具，帮助我们的邻居和社区，投身到当地的社会活动中去……

另外，需要特别指出的是，减少能源消耗并不意味着增加失业，相反低环境影响产业比之高环境影响产业可以制造更多的就业机会，只不过所需要的技能要发生改变。研究表明，投资于提高能源效率的每一美元比投资于新能源供应的一美元可以创造出更多的工作机会。据研究，对节能和太阳能技术的投资比对石油、天然气或电力工业的投资能创造双倍的工作机会。在能源效率上花费一元钱比在新发电站投资一元钱可以创造出4倍的工作机会，减少下来的能源费用可投资于能创造工作岗位的部门。从矿物燃料摆脱出来的经济社会，在住宅隔热、木工作业和钣金作业方面可以创造出许多工作岗位。

例如，在20世纪80年代欧共体对丹麦、法国、英国和德国的一项调查中发现，对区域采暖和建筑物隔热投资比传统的能源投资可节约资金并能产生更多的就业机会。一项在阿拉斯加进行的调查发现，使住宅适应气候条件比任何方面的投资，包括兴建医院、公路或水电项目在内，可创造出更多的工作岗位和个人收入。对康涅狄格州和衣阿华州的节能计划的评价发现，节能计划比诸如电站这类能源供应替代方案花费低且创造的工作岗位更多。

第二节　适度消费和适度简朴

尽管试图依靠非物质主义的成功来定义生活并不是一个新生事物，但这种趋势也确实在许多西方国家重新出现。在消费品越来越丰富而人们手中已经持有过多消费品的情况下，社会上将有越来越多的人感到过多的消费品已变成一种累赘或负担，进而要求摆脱消费品，宁可过一种比较简单的生活，提出了适度俭朴的生活原则。

世界各主要宗教和文化之中都充满了对过度罪恶的告诫。历史学家阿诺德·约瑟夫·汤因比（Arnold Joseph Toynbee）评论说："尽管这些宗教的创立者在说明什么是宇宙的本质、精神生活的本质、终极实在的本质方面存在着分歧，但他们在道德律条上的意见却是一致的……他们都用同一个声音说，如果让物质财富成为我们的最高目的将导致灾难。"日本学者池田大作认为所谓的适度俭朴，就是号召所有人都有应当抑制贪欲，把厉行节约放在第一位。他认为人类之所以要这样做，一是维护做人的尊严；二是保护现代人不受污染的危害；三是为子孙后代保存有限的地球资源。杜安·埃尔金（Duane Elgin）认为："用我们所消费的物质商品来定义我们的特性，限制和歪曲了人之为人的潜能——我们被我们的占有所占有，被我们的消费所消耗。"这是我们"内心贫乏和异化"的表现。相反，自愿简朴则是一种生活理想，对于已经习惯于物质消费的人们再重新过一种节俭的生活需要莫大的勇气和自我控制力，提倡自愿过简朴生活和过一种比较简单生活的人，是成熟的和有理性的人，是内心充实的人。

所谓适度消费是指适应国情国力、生产力发展水平和自然资源状况的一种消费状态，一般又称合理消费或科学消费。当前，我们正面临着消费领域的矛盾，要化解这些矛盾，就必须用适度消费来引导人们的消费活动，将人们的消费引向适度方向。

从宏观上看，消费的增长是建立在生产发展、经济效益提高和环境改善的基础上的；消费的增长速度应低于生产和劳动生产率增长速度，但又不应过分地落后于生产和劳动生产率增长速度，而是以适当的比例随生产和劳动生产率的增长而增长；在新增加的国民收入中消费增长的部分应以不损害国民经济发展所必需的适当比例为前提。职工货币收入增长速度和实际消费增长速度，应同社会消费品生产和市场商品可供量的增长速度保持合理的比例。从微观上来讲，是指个人和家庭的消费支出，应从个人收入或家庭的实际出发，收入大于支出并有节余，但不可过分节余，形成高储蓄倾向。在安排好个人或家庭基本需要的基础上，安排好发展和享受方面的需要。这是因为：

（1）适度消费是促使国民经济进入良性循环的不可缺少的前提。按照马克思主义再生产原理，任何社会生产都离不开生产、交换、分配、消费4个环节，而社会产品只有最终为消费者所消费使用才得以实现。不可能设想一个消费水准很低的社会是一个经济发达的社会。因此，适当地鼓励消费可以起到促进生产力发展的作用。例如，国家积极发展交通事业，改善交通条件；发展供水、供电、煤气事业；建设、修复旅游景点；发展居民住房，改善居民居住条件以及大力开发各类发展必需的消费品生产，等等，都是鼓励消费政策的实施，消费者不仅获得了较为丰富的消费享受，也促进了这些行业的不断发展。

（2）我国的国情要求提倡适度消费。既然消费一定程度上可以促进社会发展，那么我国能不能提倡西方发达国家那种高消费呢？不能。尽管改革开放30多年来，中国的经济取得了巨大的发展，但整体看来，我国依然是人口多，底子薄，生产力水平不够高，我们不能提倡也不应该提倡脱离生产力发展水平和能源资源状况去搞发达国家那种高能源依附和较大环境影响的消费。我们不可能使13亿人口每户都拥有小汽车，不可能也不应该像某些西方国家那样，小汽车使用四五年就丢弃不用；不可能像一些发达国家那样消费那么多的易拉罐饮料和啤酒，不可能像欧美发达国家那样消费那么多的动物食物；不可能鼓励居民去占用大量的耕地修建高级别墅或小庄园，不可能像美国人那样每人每年消耗相当于15吨标准煤的燃料和动力……

第三节 循环使用物品

用过即扔社会植根于人为废弃的工业概念和不惜任何代价寻求方便的心理，在理性的历史学家的眼中可能被看作是一场经济错乱。在一个环境可持续的经济中，减少废物和废物再生工业将取代今天的垃圾收集和处理公司。

在这样的一种经济中，材料的使用将受到一系列选择的支配：当然最优先的是避免使用任何不必要的物品；第二是重复使用物品，如使用重新灌装的饮料容器；第三是使材料再生以构成一种新产品；第四，只要做起来安全可靠，就可以将材料燃烧以获取其含有的能量，最后的一种选择是将垃圾处理在低洼地的土层之下。

在一个环境方面可持续发展的世界中，过多的包装要靠消费者抵制，靠包装税或是政府法规来加以消除，并且丢弃杂物的口袋将使用耐用的，或重复使用的帆布袋或其他口袋。另外，应该使用一套标准尺寸的耐用玻璃容器，它能多次重复使用，以此来代替多种尺寸和各种形状的饮料容器。即便不是所有的饮料都用这种容器，至少大部分饮料如果汁、啤酒、牛奶及软饮料等都可使用。转变为平均使用10次左右的可重复灌装的玻璃瓶可减少能量消耗90%（参见下表）。

12盎司装饮料容器能耗情况①

容　器	使用的能量 英热量单位（Btu）②
铝罐，一次性使用	7 050
钢罐，一次性使用	5 950
再生钢罐	3 880
玻璃啤酒瓶，一次性使用	3 730
回收的铝罐	2 550
回收的玻璃啤酒瓶	2 530
可重复灌装玻璃瓶，10次使用	610

只要商品用过即扔的经济被重复使用和再生经济所取代，那么社会很快就会变成能量不太密集和环境不太肮脏的社会。完全用废铁制钢所需要的能量仅为用铁矿石制钢的1/3；用再生纸浆制造的新闻纸所消耗的能量比用纯木材纸浆要少25%~26%；再生玻璃可节约原产品中所含能量的1/3。用再生玻璃做饮料瓶替换扔掉的饮料瓶大致可少用1/3能量，而用可重复灌装的玻璃瓶则可少用90%的能量。尽管重复使用与再生所节省的相关能量因产品而异，但这些数字一定程度上能够反映重复使用的环境效益。

---

① 莱斯特·R·布朗，等．拯救地球——如何塑造一个在环境方面可持续发展的全球经济[M]．北京：科学技术文献出版社，1993：39．

② 英、美等国采用的一种计算热量的单位（British thermal unit）。它等于1磅纯水温度升高1°F（1°F =5/9℃温度差）所需的热量。最早的测试温度选取在 39.2°F（相当于4℃），因为此时水的密度最大。后来较常用的有60°F英热单位和平均英热单位。60°F英热单位定义为：在1大气压的定压条件下，1磅纯水的温度由59.5°F上升到60.5°F所需的热量。

再生对于减少土地、空气和水的污染也是至关重要的。例如，用废铁生产钢可减少空气污染85%，减少水污染76%，并全然消除了采矿的废物。用再生材料制纸可使空气污染物减少74%，少用水35%，又与再生数量成正比地降低了对森林的压力。

在未来的可持续经济中，工业材料的主要来源将是再生物品。大部分铝厂的原材料将来自当地的废物收集中心，不是来自铝土矿。在再生工厂里，可生产出纸和纸制品，再生纸通过一系列的使用而有所变化，从高质量的黏合纸到新闻纸以及最终成为板箱纸，即使到这种再生纤维最后再也不能够重复使用时，它们也能用作堆肥或在同一生产厂内作燃料。在不断使用再生材料的纸制品工业中，木材纸浆只起辅助作用。在拥有稳定人口的成熟工业社会中，工业将主要靠已经在该系统之内的东西供给原料，仅在为了替代使用和再生中的任何损耗时才转向原始的材料。借助于有组织地减少废物流和重复使用或再生大多数剩余材料，用不着破坏我们极为重要的生命支持系统，就能满足地球上越来越多居民的基本要求。朝这个方向进化将可以创造一种空气和水污染更少的可生存环境。

尽管如此，我们也应该清醒地看到以下三个方面的事实：

第一，废物再利用肯定会有益于稳定，甚至减少物质流动，但不一定必然降低其速度；相反，某些废物重新回收也有可能加速物质流动，甚至产生恶性循环效应。比如，有些汽车制造商的广告，宣传自己的汽车近90%的部件是可回收利用的材料。其实，这并不意味着它们真的会被回收利用，其目的是替驾车者开脱负罪心理，引导其更快地更换新车；并且即使废旧汽车真的被有效地回收利用，与汽车工业相关的物质流的速度和规模也都有可能进一步增加。

第二，我们的回收利用并不是一个封闭的循环，回收也需要消耗矿物能源，如处理废物需要消耗水、电及许多物资，甚至一些回收利用本身也成为一种污染比较严重的处理活动。我们还有一件相当紧迫的任务，就是开发出尽量降低再污染风险的回收利用技术。

第三，与有机物和生态系统的再循环相反，工业再循环呈螺旋形性能递减，越循环使用性能就越低。比如，旧汽车的废钢铁，不能再用来生产新汽车，只能用来生产建筑盘条。聚合塑料废料的回收利用，需要将其碾碎，然后加热模压，这一过程使其性能降低。再如，从汽车上回收的塑料，最多只能用来做葡萄架的小桩或各种管子。三到四次再循环之后，聚合塑料只能用作焚烧炉的燃料了。塑料的再循环需要使用添加剂，各种添加剂一般都是有毒的，这些添加剂在再循环过程中会被消耗掉，因此每再循环一次都要加入数量更多的添加剂，以抵消再循环过程中品质的下降。因此，仅仅致力于简单地收集废料是不够的，同时需要致力于再循环过程中保持物质的品质。因此，延长产品的生命周期就显得更加重要。

第四节　延长产品生命周期

据统计，翻新一个旧轮胎比生产一个新轮胎要节约66%的能源，整幢建筑物的翻新整修比起新建一幢楼宇要节约80%的能源；而且还相应减少生产活动所必需的基础设施，特别是商品运输所需的基础设施。同时，因使用与维修这些基础设施所产生的对环境的不利影响也相应降低。

一般而言，在已饱和的市场上，购买一件新产品就意味着淘汰一件已有的旧产品。而如果通过修旧利废，我们把产品的平均寿命延长1倍，相应的废弃物也就减少一半，与产品生产、运输和废弃相关的环境影响也就减少了一半。并且修旧利废本身也是有利可图的：一个翻新的轮胎、一台换件修复的马达或整修一新的楼宇，其成本仅为全新生产或建造它们的40%左右。

第五节　消费者选票

西方经济学家很早就认识到了消费者在消费行为中的主导地位，所以他们在其消费实践中极力刺激消费者消费。他们将消费者的消费支出看成是消费者对各种商品及其生产者“投选票”，而所谓的选票就是货币。消费者看中了某一生产者生产的商品，这个生产者就能获得来自该消费者的一张选票。尽管消费者具有最终的选择权利，但从整个社会的角度看，唯有清醒的、对商品的生产和消耗有所了解的消费者才具有真正选择的主导权，才能保证经济资源的有效配置。为了使消费者能够进行清醒的、对产品知情的消费，社会必须提供有关消费品选择的行为后果的资料，以便鼓励对环境无害产品的需求和以无害环境的方式使用产品。

因为消费者具有选择商品的权利，也就具备了间接配置经济资源的能力，从而可以更有效地引导社会生产。例如在德国，约半数的学生为了保护环境，情愿多付出50%的钱来购买对环境有益的商品。德国学生对于自己采取何种消费活动才能保护环境，有着明确的意识。他们普遍认为消费者购买保护环境的商品，能使厂家不去生产对环境有破坏作用的产品；不购买有利于环境的商品，就是支持现在仍然采取对环境有害的方法进行生产的厂家。目前中国的消费者在买房时首先要考虑的是价格、位置、物业管理、配套等因素，却很少关注房子的生态性能，并且大多数的生态住房只是一种概念炒作。当消费者出于住房是否生态、舒适、节能、通风、采光等因素的考虑来购买住房时，就会有效引导中国房地产市场的导向。试想，如果中国的每一位消费者“购物先想碳排放”，那么就可通过消费者对有益于环境商品的购买行动，抑制对环境问题视而不见的制造商的恶性活动。①

消费者代表着经济的需求端，是决定经济和社会能否可持续发展的最终当家人，如果消费者的消费转向了绿色消费，在市场竞争的条件下，生产者就必须根据消费者的投票意愿，调整劳动力和生产资料的使用，调整投资的方向和数量，并且研究如何节约资源，降低生产成本，并带来最小的环境损害。当消费者的绿色消费意识同一些工业部门提供对环境无害的消费品的行为结合在一起时，就能够实现绿色消费。不过，许多时候消费者的主权也是有限的，因为绿色消费的实现不只是消费者的问题，而且还是政策制定、生产、贸易和消费的社会操纵问题。如中国城市垃圾的分类问题始终解决不好，主要不仅仅是消费者的问题，还和政府的组织和管理相关。对于诸如此类的“公地悲剧”或者“外部性”之类的事情，消费者即使清醒地认识到问题所在，但对于解决具有公共物品特征的环境问题也还是无能为力。因此，还需要个人、企业以及政治的联盟，实际上，这也是可持续发展战略的用意之所在。

第六节 生态补偿

美国麻省理工学院的罗伯特·默顿·索洛（Robert Merton Solow）教授曾提出如下原则：为了维持经济社会的生产能力，在当代人消耗了一定数量的不可再生资源后，必须以等量经济价值的资本对可再生资源进行投资以实现等量补偿。

近些年来，随着可持续发展理念的深入人心，许多国家都非常重视生产活动的生态补偿。如建设一个工厂需砍掉一片森林，那么必须在另外一处种活同样一片森林，才允许开工。又如澳大利亚等国进口我国彩电、冰箱、洗衣机时，要加收垃圾处理费。因为这些物品最终将变成垃圾需要处理，否则就污染环境。

为了抵消温室气体排放带来的负面影响，2008年达沃斯世界经济论坛年会的主办方呼吁与会代表自愿交纳排放费为温室气体排放买单，价格为每吨二氧化碳28美

① 下羽友卫，等．发向未来的讯息[M]．北京：人民出版社，1996：30.

元。根据客机每千米飞行排放的温室气体，从伦敦抵达苏黎士的代表要支付62美元，从莫斯科抵达苏黎士的代表要支付62美元，从纽约飞抵苏黎士的代表要缴纳168美元。并且论坛为每名工作人员购买了温室气体减排量，因此所有服务员人胸前都配有一只别针，上面写着“我（的温室气体排放量）已抵消”。这是生态补偿的一种实际行动，但愿这不仅仅是一场政治秀，而是真能把所收的补偿款用于生态修复，并且能够号召更多的人行动起来!

生态补偿原则建立了当代人与后代人之间在资源消耗方面的一种代际交换关系。当代人消耗了一定数量的不可再生资源，就必须给后代人留下相应的可再生形态的资源，一定程度上使经济社会的持续性得以保障，也使当代人与后代人之间在资源享用方面的关系趋于公正和平等。

第九章
行动者时代：地球公民拯救地球

近些年来，在有关环境的思考和人类活动对环境影响方面呈现出许多意义深刻的变化，人们现在对环境问题的内部联系有了一个更为真实的了解和切身的感受，环境问题同许多问题都有关联。通过考虑环境问题，也把其他基本问题包容进来，形成了一个普遍联系的复杂网络。每一个问题都包含着科学、技术、经济、美学、政治、伦理、文化和精神的内容，都需要全方位地解决，而不是按照分散的和专门的方式加以解决。由于许多国家不再能够单独控制环境，现在的主要问题都趋向于从全球范围的角度来考虑。对环境问题应有一种承担责任的理解，团体行为不仅影响自己，而且也影响到了他人，甚至还影响到世界上的每一个人。对空气和海洋影响就是如此。尽管对大多数人来说，个人的和当地的背景更可能对其思想和行为产生直接的影响。

强调环境保护的环境主义很大程度上改变了过去这些年的状况。20世纪60年代，聚焦于《增长的极限》展开了一场激烈的讨论。强调人类通过开发不可再生资源，特别是开发化石燃料和矿物质对环境造成的影响；同时也产生了一种技术创新能够解决这些问题的乐观主义态度；更近期的注意力则转向没有约束的

为拯救地球，地球公民请行动起来！

商业开发对环境造成长期损害的负效应，如由于温室气体导致的气候变化、臭氧损耗和生物多样性降低等；现在，人们十分重视对消费者消费观念的渗透和影响，从生活中的小事着手消费方式的变革。

改变消费者的偏好对于转变消费方式是十分重要的，但也不能期待社会价值观方面的即刻变革、道德的顿悟或者“范式”的转换。可持续文化的到来需要一个渐进的过程，发达国家有关禁烟和禁止象牙偷猎的事实说明了消费方式怎样随着信息的扩大以及个人和社会压力的增长而改变的情况。近半个世纪以来，美国的健康专家和市民倡导者不断告诫人们不要吸烟，大量的科学证据也使吸烟有害的理由不容置疑，但最初的禁烟运动收效甚微，只是到了20世纪80年代，人们的努力才最后战胜了香烟的社会权威以及烟草集团的政治神通，并且很快取得了抵制吸烟的法律进展。自1980年以来，美国的香烟消费下降了1/3。象牙消费的变化更为迅速。野生生物学家和自然资源保护者在20世纪80年代呼吁禁止致使非洲大象濒于灭绝的偷猎象牙活动。最初这一观念扩展缓慢，只是稍微降低了北美洲和欧洲消费者阶层对象牙的贪欲；20世纪80年代后期，这一运动发展到了高潮，象牙成了全球消费者社会大多数人的禁忌；到了90年代，公众的抗议使得非正式的联合抵制变成了一项象牙贸易禁令，并用国际法的力量来维护。这一变化的到来如同禁烟过程一样，在开始几年几乎难以察觉，接着就突然加速并取得突破性进展。[①]

如果有足够的时间和压力，各种消费都会像美国的禁烟运动和世界范围内的象牙禁猎活动一样得以更正。不过，限制各种矿物燃料、化学品等的消费并不像限制香烟和象牙这类项目那样简单。我们所面临的挑战是创造前所未有的、有组织的变

---

① 阿兰·杜宁. 多少算够[M]. 长春：吉林人民出版社，1997：110.

革压力，并把这种压力对准将产生最大影响的地方，这种压力来自于消费者价值观的改变。新的价值观从来不是抽象地到来，它往往与具体情况、崭新的现实以及对新世界的理解一起到来。道德只存在于实践中，存在于对日常琐事的决策上。亚里士多德说："在道德方面，决策依赖于观念。"当大多数人看到一辆大汽车，首先想到的是它所导致的空气污染而不是它所象征的社会地位时，环境道德就到来了；当大多数人看到过度包装、一次性物品或者一个新的购物中心而认为这是对子孙的犯罪而愤怒的时候，消费主义就处于衰退之中。

全球消费主义的发展对自然环境有着消极的意义，同时，它也使自然保护本身转变为一个在文化上建构的活动。对自然进行社会建构的新变化主要表现在消费性质和消费结构的改变。消费者权利的需求从人类扩展到自然界，这意味着环境将被按照同强调交换价值大相径庭的方式建构。与消费相关，为了将社会建构方法融入关于社会结构和社会变迁的更一般性分析中，给人们提供了在未来可能采用的一个潜在的卓有成效的方向，使人们关注的重心从生产转移到消费，并综合政治、经济和社会建构方法。

20世纪90年代以来，许多发达国家的环境状况已经得到了很大的改善，但是要把整个世界的环境和资源状况提高到可持续发展的水平，还需要走相当长的路。可持续发展是使我们以及我们同自然之间的关系人性化的一个最重要的机遇，人类如果想拯救地球并从环境危机中将自己解救出来，那么就必须在改变消费方式的同时，从根本上改变人们的消费价值观，并积极行动起来，尽量减少物质方面的欲望。尽管这是一个理想主义的建议，并与几百年的潮流相抵触；然而，它是我们面对资源困境和可持续发展的唯一选择。

可持续发展是一个变化过程，全球可持续发展模式的实现可能需要根本不同的技术，甚至存在着对产品和服务"非物质化"的需求。正如英国著名经济学家E·F·舒马赫（Schumacher E. F.）所说："人的需要无穷尽，而无穷尽只能在精神王国里实现，在物质王国里永远不能实现。"[①] 尽管现实的世界中，我们是在物质王国中追求一种无穷尽，但在理想的或者说未来社会中，我们必须超越物质上的追求，而追求一种精神体验上的无穷尽。这在现代社会中已经风光初现。

曾极大地提高了人类生活水平的西方工业模式——以矿物燃料为基础，以汽车工业为核心、一次性物品充斥的经济正陷入困境。向有利于保护环境的可持续发展经济的转变可能是与工业革命一样深刻的变革。这样一个体系的基础建立在新的谋

---

① E·F·舒马赫. 小的是美好的[M]. 北京：译林出版社，2007.

划原则上；从一度对自然资源采取竭泽而渔的做法转向以可再生资源为基础、重复或循环利用资源的经济。可持续发展的经济将是以太阳能为能源、以自行车和铁路为基础、重复和循环利用资源的经济，它对能源、水资源、土地资源和原料的利用要比我们今天的效率高得多，也明智得多。

绿色消费主义（Green Consumerism）的兴起是一个有希望的征兆。当购物者带着出于对环境的考虑走进商店的时候，生产和销售消费品的企业就会别无选择地比过去更加谨慎地对待生态问题。迄今为止，许多企业在销售方面远没有在生产方面更认真地对待生态问题。不过，现在已经有了一些进展。例如广泛实行的绿色产品制度，该项制度最早是由原西德于1978年实行的，后来，很快在西欧、北美和日本得到普及。其主要是给经过国家权威部门审查评定的商品贴上绿色标志，以供消费者选用。尽管各国使用的标志图案不同，叫法不一，如有的叫“再生”“纯天然”，也有的叫“无污染”“符合环保标准”，但有一点是共同的：这些商品从生产、消费到废弃的全过程都要符合环保要求，对生态环境无害。例如日本对“绿色产品”评定的主要原则是：（1）商品在使用过程中，造成的环境负担要少；（2）商品使用之后，能使环境得到改善；（3）商品被废弃之后，给环境造成的负担要少；（4）对环境保护贡献较大的商品。日本于1989年2月开始受理企业绿色产品标志的申请，开始是不含氟利昂的喷雾制品和不产生生活污水的商品，后来扩展到利用再生纸的商品和综合利用垃圾的商品。现在已形成制度，每半年公布一次追加的绿色产品目录。德国、加拿大、日本等国家都执行了“生态标签”计划，但由于评估不同产品的标准不同，绿色产品制度的发展也一定程度上受阻。尽管制度的变革仍在继续，但必然变革的事实已经毫无疑问地摆在了许多企业面前，这些变化正逐渐深入到商业管理和文化之中。

消费者常常是潜在的压力来源，环境上合理的消费需求给工业以一个强劲的冲击。德国的一家月刊杂志《生态测试》（*Okotest*），组织产品测试并通过媒体来公布其结果，推动人们对绿色产品的购买；[①] 日本的生活俱乐部（Seikatsu Club）提供安全的消费品，降低物价，在深层次上改革消费结构；[②] 作为消费者压力的结果，麦当劳和P&G公司已经稍微减少了包装使用。从积极方面说，绿色消费主义是环境倡议者的一个强有力的新策略，它使消费问题越过繁琐的中间环节，直接面向人们

---

① State of the World 1993，A Worldwatch Institute Report on Progress Toward a Sustainable Society.

② Beyond the Consumer Society，Anonymous，Mar 1992：32–33.

的生活消费；但从消极方面说，绿色消费主义一定程度上是消费者阶层的姑息剂，使其依然像往常一样消费而觉得他们也是在尽自己的责任。

但不管怎么说，绿色消费具有重要的生态经济意义。绿色消费对环境的影响本身就包含一个经济性问题，只不过这一经济性不是在原有的经济系统中进行评价，而是在更为广泛的生态系统中进行评价。传统的经济学方法认为，所谓的“经济性”，就是一种事物能赢得足够的现金利益或者是一定量的经济付出能获取最大的消费满足，但这种单一的经济标准并不能断定社会某一集团的活动是否给整个社会带来利益，特别是相对于社会或社会中的个人或团体出于非经济的原因——如社会的、美学的、道德的或政治的目的。传统的经济性标准是一种片面的评价，它没有考虑到经济活动的生态影响或生态经济性。按照生态标准来衡量，绿色产品对环境的（这里环境的受体也包括人在内）的负效应最小，消费者选择绿色消费品是最经济的。尽管以单纯的经济性标准或产品作为参照系，绿色产品未必是最经济的，但若从生态经济性角度来说，消费绿色产品比消费非绿色产品更经济，绿色消费比非绿色消费更经济。生态经济性标准不是单独的经济标准或人类标准，而是人与自然共同的标准。所以，绿色消费不是一种仅仅局限于人类社会的“社会消费观”，而是一种充分考虑到人与自然两方面效果的“人—自然消费观”，最终将有利于自然和人类社会的和谐发展和共同进化。

尽管绿色消费是从生态的角度来考虑生活消费的，但它同样也具有重要的经济意义。首先，绿色消费品意味着巨大的市场机遇。1992年6月，在里约除了成千上万的外交官、环境主义者、新闻记者和本国人之外，还出现了一个新的群体——商业领导者群体，这些商家主要是来自日本和德国，他们将环境进步作为未来几十年的一个最重要的投资机遇。他们的出现同通常的商业行为有一个重要的区别，即他们认为可持续的经济发展主要依赖于商业和环境之间相互作用本质的改变；[①]其次，绿色产品有着广阔的市场前景。据德国的一次家庭抽样调查，有78.6%的国民知道什么是绿色产品，并决定优先购买绿色产品。日本的一家民间机构对东京和大阪的20～50岁年龄段的400名家庭主妇就赠送新年礼品的打算进行调查，结果差不多一半的妇女认为一定要选购或尽可能选购绿色产品，并且年龄越小，选购绿色产品的比例就越高。向环境上合理的经济转变对商业界来说既是一个挑战，又是一次

① State of the World 1993，A worldwatch Institute Report on Progress Toward a Sustainable Society. W. W. NORTON & COMPANY，1993：197-8.

机遇。在成本高，危险迫近的同时，如果不顾变化的事实，没有学会以一种生态上更合理的方式赚钱的商业机构将会无利可图。

尽管试图依靠非物质主义的成功来定义生活并不是一个新生事物，但这种趋势也确实在许多西方国家重新出现。斯坦福大学的研究者杜安·埃尔金（Duane Elgin）曾做过乐观的估计：有1亿美国成年人正“全身心地”进行自愿简朴生活的试验。德国、印度、荷兰、挪威、英国等许多国家有一小部分人正在尝试着追求一种非消费的人生哲学。对这些践行者来说，其目标并不是单纯的禁欲主义的自我克制，而是一种崇尚简朴的魅力，一种超越单纯的物质需求而追求精神需求的魅力。强调简朴的生活并不是单调或乏味，而是因为人们保护环境、珍惜物品而是不浪费物品，是因为人们能够清醒地看到其所处的自然、社会状况从而自觉地约束其奢侈的物质需求而追求更多的精神需求。人们生活的目的不是消费物品而是享受生活，人类不仅仅是物质产品的“消费者”，更是自然财富的保存者和精神生活的创造者。

第一节　我的变化——一位英国女士消费观念的转变

人生来就是爱美的，加之文化与广告等因素的促进，因此在现代社会中，人们普遍关注女性的着装。不论国籍与种族，购物是绝大多数女性所钟爱的一项活动。甚至有人说，女人是天生的购物狂。对于衣物，爱美女性总有“再多也不够”的心态，甚至有“女人的衣橱里永远少一件”的说法。普遍流行的一种看法是，衣着得体方才显自信、自尊，仿佛人内在的自尊和自信都来自于外在的衣物。这种观念和文化很大程度上刺激了女性的消费心理和购买欲望。购买衣服对女性而言无疑就成了一种安慰剂和兴奋剂。当心情烦躁郁闷之时，买一件衣服就可以心花怒放；长时间不逛街，心里就痒痒的；购物的时候，浑身充满了无穷的力量。购买衣物已成为现代女性最重要的消费活动之一，女性不竭的服装需求为拉动经济增长贡献了巨大的力量。我们这个世界不仅塑造了女性的服饰文化，而且强化了女性的爱美之心，也为服装产业的再生产提供了生生不息的动力。

与大多数女性一样，英国女性彭妮·汉考克（Penny Hancock）也热衷于购物。与许多“月光族”一样，彭妮在月底总要问自己：为什么又所剩无几？为什么还没有还完贷款？思前想后，汉考克终于明白，问题出在自己的消费上，她总是花钱买回一大堆无用的东西，而这些没必要买的东西几乎都是衣服。英国消费者协会的数据显示，人们购买后只使用过一次的物品中，有80%会被扔掉。既然人们已经开始关注食品长途运输造成的二氧化碳排放，为什么不注意由废弃衣物造成的垃圾污染呢？汉考克渐渐树立起这样的环保意识，这成为她抵御购买欲望的动力之一。为了让自己不再“月光”和尽快还完贷款，汉考克决定从2007年1月起戒买衣物一年。

在戒买之前，汉考克是一个十足的“衣奴”。为了购买体现尊严和适应不同场合的衣物，她每周都会光顾她所钟爱的服装店，以抢在所有人之前得知最新流行趋势。并且，从商店归来，她几乎从不空手而归。对于所谓的便宜货，汉考克更是不会放过，即使这些衣服买回来她可能从来不穿。

开始执行戒买衣物计划一个月后，她惊奇地发现自己竟然省下了650英镑（约合1 300美元），这令她兴奋不已。原来，不买衣物可以省下这么多的钱。不仅如此，她还拥有了更为充裕的时间，生活也仿佛更轻松美好。但戒买如戒烟，在戒买的过程中，像所有的瘾君子一样，汉考克也曾不止一次地有过购买的冲动，她一次又一次地克服了购买衣物的冲动。这需要很大毅力和努力，因为戒瘾过程中总会有犯瘾难忍的时候。

一次，汉考克受邀参加一个朋友的生日宴会。由于当天会有许多昔日老友到场，爱美的汉考克当然想以最靓丽的形象出现。一开始，她打算买一条裙子，当然还得买鞋子、口红、耳环……购物的欲望一发不可收。汉考克很快又意识到必须抵制住诱惑，决定从已有的衣物中搭配出全新的感觉。于是汉考克和女儿花费了一下午的时间，从放置多年的衣物中找到一条10年前买的衬衫、一条牛仔裤和一双一直没有穿过的鞋子，搭配了一身。汉考克的这身装扮在当天的聚会上得到了大家的认可。这样，她不但省下了购物花费的时间，还省了几百英镑。她从这件事中再一次尝到了理性消费、用心才美的甜头。

由于减少了购物时间，汉考克开始享受以前没时间做的事情，比如长时间阅读、摆弄园艺、观看展览，等等。她也发现了一个常换常新的秘密，就是在春季时收起冬装，拿出夏季的衣物；秋季的时候，收起夏装……这样，你每一个季节都会发现一些自己忘记的衣物。汉考克还发现，那些人们以为过时的衣服过些日子又会成为新的时尚。就这样，不到一年的时间里，汉考克发现自己足足省下了3 000英镑（6 000美元）。更令人欣慰的是，汉考克的衣着依然还是那么光鲜时尚，只不过购物时变得更加理性，买得少而精了。

在一次次疯狂的购物之后，也许你会为花了冤枉钱而后悔不迭。希望你也能够像汉考克一样反省，反思自己的消费行为。也许金钱的消费还不是最重要的浪费。与之相伴的每一块面料的生产、每件衣服的制造和运输都伴随着相应的能源和资料消耗，形成大量的二氧化碳排放。一些合成纤维材料本身就是石油工业的副产品，你穿的每一件衣服都需要染色，都可能带来相应的污染：你废弃的衣物就成了垃圾，加重了大自然的负担，甚至你未穿过的每一件衣服都对环境造成了影响。假使每一个人，都能适度从着装上考虑其环境影响而非盲目追求时髦，购买衣物时变得更理性，买的衣物少而精，同样可以使自己穿得光鲜、漂亮和自信，不仅可以节省时间和金钱而且还可以带来心灵的充实和宁静。

第二节　德国人教你如何洗碗

德国是一个严谨又浪漫的国度，科学的理性和唯美的艺术交织共生。德国人不但诚恳守信、注重礼仪，而且富而不奢，非常注重节约，特别是在对待水的态度上，堪称“抠门”。这从德国人洗碗可见一斑。

笔者的好友有一位德国朋友叫克里格尔，老人家性格开朗、幽默、豪爽，但用起水来却真有点“抠门”。据朋友跟我讲，为了节约用水，克里格尔从来不用流水冲洗碗筷。洗碗时只用一点点的水加点洗涤灵，然后再擦干。作为中国人的她实在怀疑他能否把碗洗干净。后来，我看文章才知道，在德国，不仅仅是克里格尔这样洗碗节水，很多德国民众都有很强的节水意识，几乎都不用流水冲洗碗筷，并且一般是攒在一起三两天才洗一次碗。要把碗筷洗干净，同时最大限度节约水资源，这是德国人的“绝活儿”。注重环保的德国人很少用国内常见的洗洁精，它们的花园里有一种绿色植物，是一种纯天然的洗碗剂。挤出这种植物的汁，往水里兑一点，然后洗碗。随后换水冲洗一次，干净极了。

像刷牙洗脸这样的小事，也能体现出德国人的节水精神。刷牙及往手上抹香皂时，德国人会很自觉地关上水龙头，家庭的洗漱室里都会张贴“刷牙或打肥皂时请将水龙头关闭”的温馨提示。另外，德国人还按需倒水，想喝半杯绝不倒一杯，甚至也拒绝使用一次性纸杯喝水。德国人甚至连聚会也是相当节水的。参加聚会，每人一瓶饮料，自己保管好。因为喝完了这瓶，才能拿空瓶换新的，剩一口也不给换。所以，每个人都格外用心地喝自己的水。瓶子相同，为了以示区别不致搞混，每个人都有高招。有的人用彩笔在自己的瓶子上画一张笑脸；有的在瓶口系一条漂亮的丝线；有的人更是有备而来，随身携带标签卡片，没喝完的饮料下面放一张写有自己名字的卡片，就一切搞定！这是德国人浪漫而严谨发挥作用的空间！

实际上，德国是淡水资源非常丰富的国家，雨水也比较充沛。只不过出于强

德国民居房檐处装有横向的金属拦水槽。下雨时雨水会顺着倾斜的房顶流到拦水槽，再通过排水管直接流到雨水收集器中。

德国民居的雨水收集器，能装30升的雨水，收集的雨水会用于浇花浇草坪。

烈的环境保护理念，政府号召公众“人人拧紧水龙头”。当然，德国人强烈的节水意识也并不是与生俱来的，而是教化培养出来的。学校里开设了节约用水的课程，教给孩子们生活中节约用水的方法。在家里，家长也会教孩子洗碗拖地时如何节约用水。在德国人眼里，浪费水和资源是一种没教养、不道德甚至是可耻的事情。在旅馆、学生公寓及许多公共场所，都可以看见“节约用水”“节约资源”等明显的标示牌。环境部门专门建立网站，向公众介绍节约用水的小窍门，如给花园浇水最好用雨水，而且最好早晨或晚上浇水，这样可以减少蒸发造成的损失。倡导市民改变个人用水习惯，使用淋浴则不是浴缸洗澡，建议市民购买节水型抽水马桶、洗衣机等。

调节水价是德国政府奉行节约用水的一个重要杠杆。德国的水价由固定水价和计量水价两部分构成，德国每立方米饮用水收费1.91欧元，是美国的4倍多，全世界最贵。由于水费太贵，人们不得不节约用水。在德国内陆地区，一些家庭打扫卫生，用一桶水先给家具抹掉灰，再擦洗门窗，拖地板，最后才用来冲马桶。工业部门也设法提高水的重复利用率，降低水消耗。德国工业用水平均重复利用3次，著名的大众汽车公司用水可循环利用5～6次。

在德国，雨水的利用率很高，很多家庭都使用集雨装置。一些州和社区鼓励帮助居民购买雨水收集设备，并提供一定的补贴。环保组织或基金会也支持市民充分利用雨水，他们开辟网站或热线电话，教居民雨水利用的科学方法，在何处可购买蓄水装置，如何安装和使用等。德国家庭对雨水的利用主要是通过房顶收集雨水，雨水经过管道和过滤装置进入蓄水箱或蓄水池，再使用压力装置，把水抽到卫生间或花园使用。

立法也是节约用水的重要调节手段。德国制定有框架式的水法，各州制定了具体的海洋法，对地下水的抽取量、抽水地点及时间等由各州水管部门根据法律规定发给许可证。

第三节　日本人的环保理念

日本是当今世界的经济大国，同时也是一个环保大国。近百年来，日本先后提出“教育立国”“贸易立国”“科技立国”“科学技术创造立国”等基本国策和发展战略，对日本教育、科技、经济等各个方面的发展产生了极深远的影响。近些年又通过《环境白皮书》，提出了“环境立国”的新战略，把21世纪定位为“环境世纪”。表示要深刻反省导致废弃物大量增加的有害经济模式，建立最小量废弃的经济模式。如今，日本拥有工业化国家中最高的森林覆盖率，最发达的环保产业，最完善的环境法规体系以及最显著的污染治理成果。与其取得的经济成就一样，其在环保方面的成就也受到世人的称赞。

与许多国家特别是发展中国家随处可见而又触目惊心的污染和公害成为鲜明对照的，是日本的青山绿水、碧海蓝天，很多到日本观光的人都会对其整洁干净的城市环境、可直接饮用的自来水以及可放心享用的生鲜料理留下深刻的印象。然而，当你翻开日本的历史，也会惊讶地发现，日本也曾为环保

日本的垃圾分类——表现了高水平的管理和较高的公民素养

付出过巨大的代价。

在环境保护和治理上，日本也曾走过一段很长的弯路，经历过惨痛的教训。如今空气新鲜、水流清澈、森林遍布的日本，在40多年前的经济高速发展时期，却完全是另外一副样子。由于战后经济的高速发展，在六七十年代日本的环境污染异常严重，河里流着臭不可闻的黑水，鱼虾绝迹，汽车排放大量的尾气。可以说，日本的环境是从此起彼伏、震惊世界的污染公害中抢救出来的。富于行动的日本政府和人民，通过一系列的立法，动用大量人力、物力，经过近20年的持续不断的治理，到80年代初，蓝天复现于天空，碧水再流于河川。如今，人们到了日本，都会感到环境整洁清新，也能感受到日本人高度自觉的环保意识。

在日本，无论走到哪里，无论是住宅区、商业区、公园、还是海滨或者旅游胜地，都看不到白色污染。假日里光顾东京迪士尼乐园的人数以万计，游园需要一天时间，吃、喝等都在园内。但在乐园里却看不到一点尘土，也没人随地丢弃垃圾，更不要说会看到痰迹。 日本全国各地举办的烟火展放，倾城空巷，观者如潮，然而，即使是如此大规模的活动，地面上也始终没有废弃物。

日本民族是一个做事非常认真的民族，这在其垃圾分类上可见一斑。在日本，无论是政府还是普通居民，扔垃圾是一件必须严格遵守和认真执行并已形成规矩的事情。

在日本，每栋公寓楼的每层都有一个专门的垃圾间，里面整整齐齐地摆放着八九个大号塑料桶，分别贴着“食品垃圾”“可燃垃圾”和“不可燃垃圾”的标签，垃圾间还有几个大塑料筐，分别用来盛放图书报纸、饮料瓶、玻璃瓶、易拉罐等可以回收再利用的垃圾；另外，还有一个专门的小筐供住户将废旧电池这类的有害垃圾放在里边。公寓管理员在一周五天的工作中，最重要的事情就是整理这些垃圾，再按照固定的日子把

日本地震过后在新新体育馆避难所里民众仍坚持垃圾分类

不同的垃圾搬到楼外街边的指定位置，由社区垃圾清扫所的垃圾车统一运走处理。没有管理员的独门独户居民，则要严格遵守各类垃圾的清运时间，自己把分类后的垃圾送到路边的指定堆放位置。对于生活中的大件垃圾，如沙发、柜子或冰箱等电器，则需住户事先到垃圾清扫所或商场、便利店去买不同数额的专门处理券，贴到这些大件垃圾上，并与垃圾清扫所联系约定回收时间，否则是不允许随便搬到路边的。有的住户还会将不用的家具摆在自家门前不妨碍通行的角落，标明可以由路人自由取用，如果没人搬走，再去按大件垃圾处置。可以说，在日本的各个地铁电车车站、大小商店、公路休息站，只要是设置了垃圾箱的，就一定是按不同种类和目的进行分类的，但在街道的大多地方却很少有垃圾箱，于是便有相当多的人会把外出时的垃圾带回自己家，再分类处理。家居垃圾一般分四类：资源（再循环）垃圾、可燃垃圾、不燃垃圾、粗大垃圾。再在不同日子收集不同种类垃圾， 如：周一收集粗大垃圾，周二、五收集可燃垃圾，周三收集资源垃圾，周六收集不可燃垃圾。

纸张类等是可燃烧的，但如果稍大就可以回收再利用，书籍报纸甚至装糖果糕点的纸盒都要留起来，在一个月两次的这种纸类垃圾的回收日里扔到垃圾站点。这些垃圾不会烧掉，而是经过处理再次利用。

用过的油的处理。做饭用过的油如果倒在下水道里，会污染环境。在日本超市里卖一种凝固剂，把它放在不要的油里，凝固后用报纸包好，作为可燃烧垃圾处理。

不可燃烧垃圾包括玻璃类、陶器类、金属类、塑料类、泡沫塑料类、皮革类、橡胶类、木头树枝、小型家用电器（大型家用电器是要收费的）和一些如玩具、枕头、席子、蜡笔、水彩等。一些不能燃烧的垃圾，如罐头盒、玻璃瓶（不包括装油的瓶子）和塑料瓶是另外回收的。因为这些东西可以再利用。

虽然扔的是废旧物品，但人们仍然是经过认真处理后，按规定放在固定的地点。举例来说，扔报纸书本时，人们都会将报纸书本捆得整整齐齐并码放好；废旧电器的电线缠绕起来并固定在电器上；旧衣料要洗净、晾干后再回收，饮料瓶子也需要洗净后再回收；即便是生活中的普通垃圾，如果有水分的要控干水分，再放到垃圾袋里；带刺或锋利的物品要用纸包好再放到垃圾袋里；用过的带有压力的喷雾罐等，一定要扎一个孔，以防止出现爆炸事件……其结果，使垃圾的种类不易混淆，回收工人的操作也更加便利、安全。

要适应这些繁杂规定并非易事，这需要严格的约束和强烈的责任意识。65岁的横滨市民内树说：“刚开始，区分垃圾非常困难，我不大习惯，而且还得戴上老花眼镜，逐条阅读手册，然后才能正确分类。”

为了减少垃圾，增强回收利用，日本各地纷纷采取新应对措施。横滨市将生活垃圾按等级分成十类。为此，市政府还特别发送给市民一本长达27页的手册，指导他们对垃圾进行正确分类。这本手册共列了518项条款，其中规定：唇膏属于可燃物，但是唇膏用完后的唇膏管则被归类为“小型金属物”或塑胶类。要把锅壶丢掉前，还得先拿尺量一量，如果口径超过十二吋，就不能算“小型垃圾”，而要归为“大型垃圾”。

每年的12月份，居民们都会收到一张新年的特殊“年历”：每月的日期都由黄、绿、蓝等不同颜色来标注。在“年历”的下方注有说明：每一种颜色代表那一天可以扔何种垃圾。“年历”上还配有各种有关垃圾的漫画，告诉人们不可燃垃圾包括哪些，可回收的垃圾包括哪些，使人一目了然。有了这张“年历”，在这一年里，人们就可以按照“年历”的规定日期来扔不同的垃圾。

据美联社曾经报道，日本的一位登山运动员KenNoguchi率领一个环保小组从珠穆朗玛峰收集回来大批垃圾，并用这些垃圾在日本东京举办了一个“珠峰垃圾展”。在其历经3年收集到的垃圾中，有423只氧气瓶以及冰箱、帐篷等随意丢弃的东西，他们甚至还找到了一具登山运动员的尸体并进行了掩埋。报道说，Noguchi发起了一场恢复珠峰清洁环境、还珠峰一个“清白”的环保运动。我们在被这个日本人行为感动的同时，也为国人的陋习感到羞愧。几十年来，我们以及我们的联合登山队一次又一次地征服了珠峰，电视里、照片上，我们能够清楚地看到登山英雄们成功登顶后的笑脸，但是我们很少想到这些成功登顶背后的垃圾，更没有想到需要清理这些垃圾，还圣峰以清白。最后，反倒是一位日本小伙子，为我们上了一堂生动的环保课。Noguchi之所以有此行为，完全是日本人环保意识的一个体现。

日本民族是一个十分独特的民族，具有很强的民族感。在外国人眼里，日本人有时强大得令人嫉妒，因为它拥有世界上最高效的经济、最先进的技术，并且还是一个潜在的军事大国；另一方面日本人却总是感受到众多灾难的威胁。作为一个岛国，有史以来日本总是不断地遭受台风和地震的袭击。日本本土并没有什么丰富的自然资源，其能源几乎完全依赖进口，甚至一旦其进口被长期中断或其他国家拒绝接受日本用于支付进口费用的出口商品时，日本都容易被置身于一种尴尬境地。尽管日本人担忧的这些危险确实存在，但或许这种危险根本不会发生，至少不会出现大的灾难，但日本人的危机意识却不可否认地存在着。据一个访日归来的朋友介绍，日本从中国的山西和东北进口了很多优质煤。但奇怪的是他们进口的这些煤并不是马上使用，而是用巨大的混凝土箱子，将煤装进去密封起来存放到大海里。据说，这些年日本存放起来的煤，已经相当于一个中等煤田了。

第四节　美国的低碳超市[①]

提起超市，人们能够想到的总是灯火通明的商场、琳琅满目的商品、人潮如涌的购买者，一般很难和低碳联系起来。的确，很多超市或者说大商场都是高能耗的践行者，美国的超市更是以高能耗著称。

但在美国明尼苏达州的圣保罗，有一家低碳的绿色环保超市。这家超市从建筑外观上看跟其他超市并没什么两样，但超市里的大多数建筑材料都是工业废品和废料的二次再利用。比如，地砖都是一些工业废品和废渣和玻璃碎片重新凝固制成的，货架也都是用一些二手的废旧钢筋重新抛光、上漆改造而成的。为了省电，超市照明以及用于冷藏食品的冰箱灯光，全都是节能的LED灯。据说，这种节能灯每年就能为超市节省45%的电能，极大地降低了超市的运营成本。

更具创意的是，这家超市的四周和顶部安装有44个对着太阳的“天窗”，这些“天窗”其实就是一个个小型的太阳能聚光板，专门用于吸收太阳能。与一般太阳能板不同的是，这些“天窗”都是“活的”，每个“天窗”里都放有一个GPS，能够有效跟踪太阳的行迹，随时改变“天窗”的方向，从而确保聚光板从早到晚都能够对着太阳，更高效地吸收太阳光并储存能量，供应超市的日常使用。

虽然使用了太阳能，但超市日常运营同样也尽量做到节省电能，超市里运送顾客的上下电梯，只有在人踏上去时才会自动感应提高运行的速度，没人在上面时则保持慢速运转，其目的是减少能耗和电梯的运转磨损。

另外这家超市里几乎所有的产品都实行了“轻包装”，或者干脆不包装，这种无包装和简化的“轻包装”，跟国内的重商品包装甚至豪华包装完全不一样，许多商品除了贴有一张小小的保质标签外，再无“外衣”。据称这样做不仅能节省一大笔包装材料费，而且还能让顾客少带外包装废品回家，避免二次环境污染和碳排放。

对于那些必不可少的包装，比如牛奶盒、盛放熟食的泡沫盘，顾客用完后还可以放回到设置在超市门前的回收点，由超市统一送至专门的回收部门。一些还可以再次使用的商品包装箱，会被单独拣出来，整整齐齐地叠放在一起，供顾客免费使用。

另外，与其他超市的另一个不同点是，这家绿色超市并不提倡顾客进来大筐小

---

① 这家超市忒“低碳”[N]. 北京青年报. 东张西望. 2010年10月5日，13. 引用时有删改。

篮地进行购物，而是提倡顾客适量购物，超市的墙上贴满了提醒顾客进行理性消费的各种标语，比如："不要让你家的冰箱透不过气来！""别让你的购物袋超负荷!"等等，引导消费者理性消费。

其外，超市货架上的商品还标注了"碳足迹"，顾客可以根据商品上标明的碳排放量的高低，决定要不要选择它们。

这家超市的很多做法都让人感觉到它们不是在鼓励消费者消费，相反还有点阻止顾客消费的意思，而且为了达到真正的低碳环保，其种种环保低碳举措的成本也很高，这更让人有些费解。这与人们通常所说的企业永恒地追逐利润相反，而是在追求环境效益和社会效益。据说，这家超市的老板是一个典型的低碳环保主义者，他在纽约有一家很大的策划公司，每年的利润上千万，而他之所以要办这么一个前期投入很大，而且并不能赚很多钱的超市，目的就是想告诉人们，低碳环保超市是未来的一种趋势，同时以此引导人们在超市购物时要养成一种健康绿色的消费习惯。由此看来，不能不让人佩服这位老板的远见！

第五节 人类的希望：可持续消费

尽管可持续消费有着深厚的理论基础，但确切地说明可持续消费还需要进一步的探讨。《21世纪议程》关于"可持续消费"的概念是模糊的，也没有对"可持续的消费方式"作出界定。只是指出它是一个范围相当广泛的领域，渗透于可持续发展的各个环节之中，涉及能源、运输和废物处理以及经济手段和技术手段等各个方面。

现有的可持续消费的概念是从联合国环境与发展委员会通过的被广泛接受的可持续发展概念演绎出来的。根据联合国环境与发展委员会《我们共同的未来》的报告，可持续发展是既满足当代人的需要，又不对后代人满足其需要的能力构成危害的发展。同人们普遍接受的可持续发展的观点类似，可持续消费可以理解为一种不损害后代满足其消费方式能力的当代消费方式。它意味着当代人的消费同后代人一样，要从质量上得以提高。人们应该对消费进行最优化，以达到长期维持资源与环境的服务质量。[1]

---

① 张坤民. 可持续发展论[M]. 北京：中国环境科学出版社，1997. 原文引自Emil Salim，*The Challenge of Sustainable Consumption as Seen from the South*，Symposium: Sustainable Production and Consumption Pattern，Oslo，Norway，994.

1994年，联合国在内罗毕发表的报告《可持续消费的政策因素》中也提出了对可持续消费的理解。可持续消费意味着提供满足基本需要和提高生活质量的服务和有关产品，同时最大限度地减少自然资源和有毒物质的使用以及在这些服务或产品的寿命周期内的废物和污染物的排放，从而不损害未来各代人的需要。这一界定主要是从工业界和政府的角度来定义的，国际消费者联合会也采用了这个定义，并依此帮助消费者做出对环境无害的选择。[①]

1994年，联合国在挪威奥斯陆召开的“可持续消费专题研讨会”，也采用了上述从工业界和政府角度对可持续消费的定义。该会议还指出，对于可持续消费，不能孤立地理解和对待，它连接着从原料提取、预处理、制造、产品生命周期、影响产品购买、使用、最终处置等整个连续环节中的所有组成部分，并且其中第一个环节的环境影响又是多方面的。

以上关于可持续消费的定义主要是从工业界或政府的角度来定义的，但产品的生产是以其出售来实现其价值的，消费者对消费品的选择和接受才能真正代表消费的实现，所以可持续消费不仅需要从工业界和政府的角度来定义，更需要从消费者的角度来定义。从消费者的角度讲，可持续消费是一种通过选择不危害环境又不损害未来各代人的产品与服务来满足人们生活需要的一种理性消费方式，是一种既充分尊重生态系统的极限，又保证未来各代人和当代人拥有同样选择机会的一种消费方式，并且是指一种以提高生活质量为中心的适度消费的生活方式。这里所说的生活质量主要是指“个人生活舒适、便利的程度，精神上所得到的享受和乐趣，而非具体的物质享有和占用”。

可持续消费中最紧要的问题是满足人道意义上的基本生活需求，如有营养的食物、洁净的衣服、适宜的住所、有效的交通运输、清洁水、基本的卫生条件、一定的就业岗位和接受教育的机会，等等。基于此，当代人和后代人才能够提高其生活质量。可持续消费不是介于因贫困引起的消费不足和因富裕引起的过度消费之间的折中，而是一种崭新的消费方式，一种服从于全球可持续发展目标的消费方式。它以更合理的指标为基础重新制定政府的工作目标，是引导经济发展、提高人们生活质量的一个行之有效的方法，可持续消费的实现最终将依赖于消费者生活方式的改变和社会生产对资源的消费方式的转变。

我们这个社会现存的许多方面正危害着后代人满足其基本需要的能力，过度开

---

① 郝吉明，刘炳江. 可持续发展与清洁生产[M]//张坤民. 可持续发展论. 北京：中国环境科学出版社，1997：221.

发和浪费自然资源的不可持续消费方式是其中较为典型的表现。在消费者社会中，许多人的生活消费超过了世界平均的生态条件和生态状况，全球可持续发展要求消费者社会的人们能根据地球的生态条件调整自己的消费方式，同时，也需要正在走向富裕的人们避免重复消费者阶层的消费方式。各地的消费水平只有重视长期的可持续性、合理的基本生活水平才能得以持续。可持续发展要求促进这样的观念，即鼓励所有人都可以合理向往的、在生态可能范围内的消费标准。

作为人类整体的可持续发展，实际上是人类发展时间维度的延长。这同个体消费者的消费行为在某种程度上十分类似。个体消费者行为理论的预算时间约束有一个由浅入深、由短时约束到长时约束的逐渐深化的过程。早期的消费者行为假定，主要是凯恩斯的绝对收入假定以及后来的杜森贝里（Duesenberry）的消费示范效应假定，这两个假定对消费者行为的外部环境设定和内在设定都比较窄，认为除却外部环境之外，决定消费支出的主要变量是现期收入，消费者的预算约束也主要是集中于现时期，是一种短期的、当下时间的预算约束。这种消费者是一种原始的、短视的消费者。随着研究的深入，在后来的摩迪里安尼（Modiglian）的生命周期假定和弗里德曼(Friedman)的持续收入假定中，消费的预算约束时间发生了变化。按照生命周期假定，跨时预算约束在消费者行为中发挥了关键的作用，消费者按其一生中可动用的总资源，在各个时期进行大体均匀的消费支出。生命周期假定将消费的预算约束时间延长为一生的时间，消费者的消费行为成为一种终生跨时预算约束。这种消费者是一种精明的、前瞻的消费者。到了20世纪70年代，生命周期假定和理性预期理论相联姻，产生了理性预期的生命周期模型，这个模型进一步扩展了摩迪里安尼等人的新古典分析框架，依据一代人向另一代人遗馈现象的广泛存在，巴罗（Barro）提出，任何一代人的效用同其后代人的效用有联系。这种观点延长了跨时预算约束的时间跨度：从终生预算约束发展到跨代预算约束。消费者所追求的目标已不是一生效用最大化，而是跨代效用最大化。消费者也从“精明的、前瞻的消费者”进化为“有远见的、追求最优化的消费者”。[①]

实际上，人类作为地球资源的消费者对有限资源的消费也应该秉承这种跨代效用最大化的原则。不仅要达到在我们这一代人中的效用最大化，而且也要达到代际之间的效用最大化。可持续发展就是为了达到代际间效用最大化而采取的一种跨代行为约束，它需要人类能够通过跨代行为约束来规范自己的生产和消费行为。时间

① 臧旭恒．中国消费函数分析[M]．上海：上海人民出版社，1995：22-33．另参见陈志宏．社会主义消费通论[M]．北京：人民出版社，1993：21-33．

地球公民，请你行动起来！

维度的延长是当今在自然和社会、科学和文化方面进行的一场范围广远的革命，其组成部分之一就是重新思考时间。以历史为例，在史料编纂方面最伟大的贡献之一就是布罗代尔把时间分为3种尺度：第一种尺度是“地质时间”，是指发生在几千万年时间跨度内的事件；第二种尺度是“社会时间”，这个尺度比地质时间短得多，经济、国家和文明常常以这种时间尺度来衡量；第三种尺度是“个人时间”，这是一种更短的尺度，用以量度与人相关事件的历史。可持续发展充分考虑到地质时间对社会时间的影响，以地质时间对人类社会进行约束。对人类来说，不可再生资源的更新是在地质时间内实现的，人类的世代生息和繁衍是在社会时间内完成的，在个人时间中生活的每一代人，要考虑到在社会时间内生存的子孙后代所受到的地质时间约束，从而更谨慎地利用不可再生资源。这需要人类对资源的消费进行跨代约束，并通过人类持续地消费，把个人时间、社会时间和地质时间很好地整合到一起。

经济学是研究稀缺的，但如何在有限的社会时间内珍惜在漫长的地质时间里拥有的稀缺财富，不仅仅是一个经济学的问题，而且也是一个伦理或文化的问题。不同的文化有关时间的概念是不同的，每一种文化和个人都倾向于用一种“时间的视野”去进行思考，每个社会都表现出其特有的“时间倾向”，我们能够从我们的文化中得出有关某些过程会持续多久的假定。

可持续发展提出的代际公平的时间概念是使人类文化长期持续下去的唯一选择，是一种能够使人类世世代代生存下去的文化。按照当代英国社会学家安东尼·吉登斯（Anthony Giddens）的理论，时空的高度延伸是现代社会同传统社会的关键区别。正是由于这种延伸，现代人同所有传统社会中的人们才有了根本的区别：他们不再仅仅生活在由亲戚、邻居所组成的社会范围内，特别是随着现代信息技术和电子技术的高速发展，现代人在理论上是以整个世界为其生存空间和思维领域的，其生活时间也不再是仅着眼于当下的社会时间，而是在将个人时间、社会时间和地质时间结为一体的广泛的时间维度中生活。人类的可持续发展就是要正确地调节3种时间的关系，将人类生存的时间维度延长；而时间维度的调整很大程度上是通过物质的可持续利用来实现的，也就是通过可持续消费来实现的。

如何保证人类作为一个整体在物质和文化方面能够生存和繁荣下去，是我们当前面临的一个主要任务。如果我们这个星球的生态系统要继续支持未来后代的生存，那么消费者社会就不得不大幅度地削减其使用的资源和能源，发展中国家也应极力避免仿效发达国家高消费的生活方式。科学技术的进步、法律的健全、重新组织的工业、环境税收、广泛的群众运动以及通过闲暇、人际关系和非物质途径来满足精神需求等手段都有助于达到这一目的。

对中国来说，可持续发展既是一个巨大的机遇，也是一项艰巨的事业。面对资源、人口和环境的困境，中国不可能像发达国家那样消耗巨大的能量，产生众多的垃圾，使用太多的一次性用品。这既不应该，也绝无可能，我们不可能先建立一个不可持续的中国，然后再用可持续的色彩来涂抹它，而只能从我们国家的实际状况出发，寻求一种可持续发展的消费方式。

参 考 文 献

[1] 葛兰西．葛兰西文选[M]．北京：人民出版社，1992.

[2] 马克思恩格斯选集[M]．第1卷.

[3] 李德志，秦艾丽．迈向成熟的生态学——评《生态学原理》[J]．生态学杂志，1994，2(79).

[4] B·A·佩特里茨基．道德的生态化和伦理学[J]．哲学译丛，1990（5）.

[5] D·梅多斯，等．增长的极限[M]．长春：吉林人民出版社，1997.

[6] E·F·舒马赫．小的是美好的[M]．北京：商务印书馆，1984.

[7] E·P·奥德姆．生态学基础[M]．北京：人民教育出版社，1982.

[8] F·戈德史密斯．生存的蓝图[M]．北京：中国环境科学出版社，1987.

[9] G·E·赫钦逊．生物圈[M]．北京：科学出版社，1974.

[10] H·H·基谢列夫．生态问题及其对现代自然科学思维方式的影响[J]．余谋昌，译．自然科学问题，1986(4).

[11] H·T·欧登．能量、环境与经济——系统分析引导[M]．北京：东方出版社，1992.

[12] H·马尔库塞．单向度的人——发达工业社会意识形态研究[M]．张峰，等，译．重庆：重庆出版社，1988.

[13] M·盖尔曼．夸克与美洲豹[M]．长沙：湖南科学技术出版社，1997.

[14] W·W·罗斯托．经济成长的阶段[M]．北京：商务印书馆，1962.

[15] B·Б·索恰瓦．地理系统导论[M]．北京：商务印书馆，1991.

[16] 阿尔·戈尔．濒临失衡的地球[M]．北京：中央编译出版社，1997.

[17] 阿兰·杜宁．多少算够[M]．长春：吉林人民出版社，1997.

[18] 埃德加·莫林，等．地球·祖国[M]．北京：生活·读书·新知三联书店，1997.

[19] 安启念．工业文明的危机呼唤社会主义[J]．新华文摘，1997（5）.

[20] 奥尔多・利奥波德．沙乡年鉴[M]．长春：吉林人民出版社，1997.

[21] 巴巴拉・沃德．只有一个地球[M]．北京：石油工业出版社，1981.

[22] 北京大学可持续发展中心．可持续发展之路[M]．北京：北京大学出版社，1994.

[23] 马宝建．消费主义与可持续发展[D]．北京：北京大学，1997.

[24] 徐春．生态哲学[D]．北京：北京大学.

[25] 叶闯．当代“科学技术批判”研究[D]．北京：北京大学，1995.

[26] 彼得・伯格．发展理论的反省[M]．台北：台湾巨流图书公司，1987.

[27] 曹南燕，刘立群．汽车文化[M]．济南：山东教育出版社，1996.

[28] 陈敏豪．生态文化与文明前景[M]．武汉：武汉出版社，1995.

[29] 陈志宏．社会主义消费通论[M]．北京：人民出版社，1993.

[30] 丹尼尔・贝尔．资本主义的文化矛盾[M]．台北：桂冠图书股份有限公司，1989.

[31] 狄帕克・拉尔．发展经济学的贫困[M]．北京：生活・读书・新知三联书店，1992.

[32] 弗・冯・维塞尔．自然价值[M]．北京：商务印书馆，1991.

[33] 弗・卡普拉．绿色政治——全球的希望[M]．北京：东方出版社，1988.

[34] 汉斯・萨克塞．生态哲学 [M]．北京：东方出版社，1991.

[35] 胡涛等．中国的可持续发展研究——从概念到行动[M]．北京：中国环境科学出版社，1995.

[36] 吉尔伯特・C・菲特，吉姆・E・里斯．美国经济史[M]．沈阳：辽宁人民出版社，1981.

[37] 贾华强．可持续发展经济学导论[M]．北京：知识出版社，1996.

[38] 金世和．消费经济学[M]．沈阳：辽宁人民出版社，1986.

[39] 凯福尔斯．美国科学家论近代科技[M]．北京：科学普及出版社，1987.

[40] 莱斯特・R・布朗，等．拯救地球——如何塑造一个在环境方面可持续发展的全球经济[M]．北京：科学技术文献出版社，1993.

[41] 莱斯特・布朗．建设一个可持续发展的社会[M]．北京：科学技术文献出版社，1984.

[42] 雷诺兹，诺曼．美国社会——心灵习性的挑战[M]．北京：生活・读书・新知三联书店，1993.

[43] 厉以宁．经济学的伦理问题[M]．北京：生活・读书・新知三联书店，1995.

[44] 厉以宁．消费经济学[M]．北京：人民出版社，1984.

[45] 联合国国际经济和社会事务部工作报告：持续发展统计法[R]．1987(8)．持续发展——概念性构想[R]．1989(13).

[46] 联合国环境与发展会议文件汇编[G]，国家科委社会发展司编，1992.

[47] 刘涤源. 凯恩斯主义就业一般理论评议. 凯恩斯主义研究（上）[M]. 北京：经济科学出版社，1989.

[48] 刘东辉. 从“增长的极限”到“持续发展”. 可持续发展之路[M]. 北京：北京大学出版社，1994.

[49] 刘湘溶. 生态伦理学[M]. 长沙：湖南师范大学出版社，1992.

[50] 刘湘溶. 生态意识论[M]. 成都：四川教育出版社，1994.

[51] 马克斯・韦伯. 新教伦理与资本主义精神[M]. 北京：生活・读书・新知三联书店，1992.

[52] 马世骏主编. 现代生态学透视[M]. 北京：科学出版社，1990.

[53] 马斯洛. 动机与人格[M]. 北京：华夏出版社，1987.

[54] 梅利・卜泉. 生态学与革命思潮[M]. [出版地不详]：南方丛书出版社，1987.

[55] 梅萨罗维克・佩斯特尔. 人类处于转折点[M]. 北京：生活・读书・新知三联书店，1987.

[56] 欧阳卫民. 中国消费经济思想史[M]. 北京：中共中央党校出版社，1994.

[57] 琼・罗宾逊. 凯恩斯以后[M]. 北京：商务印书馆，1985.

[58] 施里达斯・拉夫尔. 我们的家园——地球[M]. 北京：中国环境科学出版社，1993.

[59] 史怀泽. 敬畏生命[M]. 上海：上海社会科学出版社，1996.

[60] 世界环境与发展委员会. 我们共同的未来[M]. 长春：吉林人民出版社，1997.

[61] 斯蒂芬・H・卡特克利夫. STS作为学术领域的出现. 自然辩证法研究[J]. 1992增刊.

[62] 孙儒泳，林特冥. 近代生态学[M]. 北京：科学出版社，1986.

[63] 泰瑞・安德森. 从相生到相伴[M]. 北京：改革出版社，1997.

[64] 王军. 可持续发展[M]. 北京：中国发展出版社，1997.

[65] 下羽友卫，等. 发向未来的讯息[M]. 北京：人民出版社，1996.

[66] 徐崇温. “西方马克思主义”论丛[M]. 重庆：重庆出版社，1989.

[67] 叶平. 生态伦理学[M]. 哈尔滨：东北林业大学出版社，1994.

[68] 伊・普利高津. 从混沌到有序[M]. 上海：上海译文出版社，1987.

[69] 尹世杰. 中国消费模式研究[M]. 北京：中国商业出版社，1993.

[70] 尹希成，等. 全球问题与中国[M]. 武汉：湖北教育出版社，1997.

[71] 油谷遵. 消费者主权时代 [M]. 台北：远流出版公司，1989.

[72] 余谋昌. 生态意识及其主要特点[J]. 生态学杂志，1991(10).

[73] 余谋昌，王兴成. 全球研究及其哲学思考[M]. 北京：中共中央党校出版社，1995.

[74] 臧旭恒. 中国消费函数分析[M]. 上海：上海人民出版社，1995.

[75] 张坤民. 可持续发展论[M]. 北京：中国环境科学出版社，1997.

[76] 中国21世纪议程编制组. 中国21世纪议程——中国21世纪人口、环境与发展白皮书[M]. 北京：中国环境科学出版社，1994.

[77] 中国21世纪议程管理中心. 论中国的可持续发展[M]. 北京：海洋出版社，1994.

[78] 中国美国史研究会. 美国现代化历史经验[M]. 北京：东方出版社，1994.

[79] 陈昕. 中国社会日常生活中的消费主义[D]. 北京：中国社会科学院博士，1997.

[80] 欧阳志远. 最后的消费[M]. 北京：人民出版社，2000.

[81] 迈克・费瑟斯通. 消费文化与后现代主义[M]. 北京：译林出版社，2000.

[82] Andrew Dobson，*Green Political Thought*，Umwin Hyman，1990.

[83] Barbara Ward，*India and the West*，W .W. Norton & Company，Inc.，New York，1961.

[84] Brain Tokar，*the Green Alternative*，R.&E .Miles，San Pedro，California，1994.

[85] Clair Brown，*American Standards of Living—1918-1988*，Blackuell，Oxford UK & Cambridge，USA，1995.

[86] Daniel Miller，ed. Acknowledging consumption，*A Review of New Studies*，London and New York，1995.

[87] David A.Aaker and George S.Day，*Consumerism: Search for the Consumer Interest*，1971.

[88] Earth Summit'92，*The United Nations Conference on Environment and development*，1992.

[89] Herman E. Daly，*Economics, Ecology, Ethics ,essays toward a steady-state economy*，W. H. Freeman and Company ，San Francisco，1993.

[90] I.Ajzen，Attitudes，*Personality and Behaviour. milton Keynes*: Open University Press，1988.

[91] Jean Baudrillard，Selected Writings，edited by Mark Poster. California: Stanford University Press，1988.

[92] Julian Pefanis，*Herterology and postmodern Bataille*，Baudrillard，and Lyotard，Duke University and London，1991.

[93] Leslie Sklair，*Sociology of the Global System*，Harvester Whestsheaf，1991.

[94] Lizabeth Cohen: *the Class Experience of Mass Consumption*，Workers as Consumers in

Interwar America，1990.

[95] M. Redclift，*Sustainable Development :Exploring the Contradictions*. Methurn，New York，1987.

[96] Maurice Strong，*Earth Summit'92*，1994.

[97] Neva R. Goodwin，Frank Ackerman，and David Kiron，*The Consumer Society*，Island Press，Washington, D.C,Covelo, California，1997.

[98] R. Chambers，*Rural Development: Putting the Last First*. Longman. New York，1983.

[99] *State of the World 1993*，A Worldwatch Institute Report on Progress Toward a Sustainable Society，1993.

[100] Subodh Wagle，*Sustainable Development: Some Interpretations, Implications, and Use*，Bull. Sci. Tech. Soc，1993.

[101] Sustainable Europe，1995.

[102] *The Affluent Society*，Boston :Houghton Mifflin，1958，2rev.ed. 1969.